Wildkräuter

Marjolein Holtkamp

WILDKRÄUTER
ENTDECKEN, ERKENNEN UND VERARBEITEN

LV.Buch
Die Begeisterungswerkstatt

DIESES KRÄUTERBUCH GEHÖRT

LV.Buch
Die Begeisterungswerkstatt

Originaltitel Kruidentocht

3. Auflage 2024

Übersetzung Elke Adams, Köln **Gestaltung** Marjolein Holtkamp **Satz** HEIDER HELD DESIGN, Münster
Quellen und Nachschlagewerke *Educatie Kruidengeneeskunde Het Kruidenrijk, Yvonne Maessen. Groot handboek geneeskrachtige planten, Geert Verhelst. Het grote kruidenboek, Prof. Dr. R. E. Schultes. Lexicon der geneeskruiden Mellie Uyldert.*

Fotografie & Illustrationen Istockphoto. Mit Ausnahme der Fotos: Nummer 3 auf S. 40, 3 auf S. 48, 2 S. 50, 2 S. 66, 2 S. 78 Marjolein Holtkamp. Foto Nummer 2 auf S. 54 Wikimedia und die Fotos Nummer: 2 auf S. 18, 2 und 3 auf S. 28, 3 S. 50, 2 S. 88, 3 S. 90, 2 S. 102, 3 S. 112, 2 und 3 S. 116 Vito Meij. Bildbearbeitung S. 15 Willem Hamers.

Herstellung: LV Media Pro im Landwirtschaftsverlag GmbH, Anja Luszek-Hoffmann (Ltg.), Ingo Feyka

Druck: Westermann Druck, Zwickau

ISBN 978-3-7843-5540-5

FSC
www.fsc.org
MIX
Papier | Fördert gute Waldnutzung
FSC® C110508

INHALT

Eine bestimmte Pflanze oder einen Baum lernt man durch Blüte, Blühweise, Frucht, Blatt, Stängel, Wurzel und Struktur, genaue Beobachtung, Riechen und weitere Untersuchungen kennen.

Wissenwertes zur Heilkraft der Natur

Auch wenn Sie zu 100 Prozent sicher sind, eine Pflanze gefunden zu haben, die nicht giftig ist und auch nicht auf der Roten Liste steht, pflücken Sie nicht alles kahl. Es ist wichtig, dass zur Bestäubung und für die Vögel noch genug Natur übrigbleibt. Viele Beeren sehen wunderschön aus, sind aber giftig. Auch wenn sie für Vögel und andere Tiere durchaus genießbar sind, verarbeitet unser Verdauungssystem die Früchte so sorgfältig, dass wir davon krank werden können. Lassen Sie sich deshalb nie zu Selbstversuchen mit Pflanzen und Kräutern hinreißen. Vertiefen Sie Ihr Wissen über Kräuter, ihre Anwendung und verwenden Sie ein Florenwerk. Manche Pflanzen können miteinander verwechselt werden. Bei Fragen zur Gesundheit ist es immer wichtig, einen Facharzt hinzuzuziehen. Seien Sie bei Schwangerschaft und (chronischen) Erkrankungen vorsichtig bei der Anwendung von Kräutern. Informieren Sie sich immer bei einem Arzt oder Therapeuten.

FÜR NOTIZEN

Auf den Notizseiten können eigene Eindrücke festgehalten werden. Die Seiten eventuell erst kopieren.

In Norwegen glaubt man, dass eine Eichel im Fensterrahmen das Haus vor Blitzschlag schützt.

EINE FAST UNMÖGLICHE AUFGABE IST DAS AUSGRABEN DES LÖWENZAHNS. WER SCHAFFT ES?

ECHTE NATURBEOBACHTUNG

Natürlich. Wir alle wissen gut, wie Klatschmohn aussieht. Brennnesseln piksen entsetzlich und die Pusteblume ist unausrottbar. Das Gänseblümchen finden wir einfach schön. Aber wissen wir eigentlich genug über die Natur, die für unsere Vorfahren so wichtig war? Dieses Buch ist nur der Anfang, um einmal wirklich zu entdecken, was alles bei uns wächst und blüht. Die aufgeführten Kräuter und Bäume tragen alle besondere Merkmale. Und um sie besser kennenzulernen, kann man sie untersuchen. Fühlen Sie an den Blättern. Haben sie raue Härchen oder vielleicht ganz weiche? Empfinden Sie den Duft als beruhigend oder als extrem unangenehm? Wegen ihres „Verhaltens“ und den unterschiedlichen äußeren Merkmalen scheint es, als hätten Pflanzen ihren eigenen, weisen Charakter. So suchen sie sich auch ihren Standort am liebsten selbst aus. Pflanzen, die viel Wasser benötigen, wachsen an Gewässern. Sind sie „Aufräumer“, wählen sie verwahrlostes Brachgelände. In „Wildkräuter entdecken, erkennen und verarbeiten“ ist mehrfach die Rede von der „Signaturenlehre“. Dabei handelt es sich um eine traditionelle, nicht wissenschaftliche Theorie, die weit in die Zeit zurückreicht. Signa ist abgeleitet vom Wort signum und bedeutet „Zeichen“. Unter anderem an den Hinweisen (den Zeichen) über das Äußere, dem Fundplatz und der Wuchsart einer Pflanze soll bei heilkräftigen Sorten die Wirkung erkannt werden können. Inwieweit diese Theorie zutrifft, überlassen wir am besten den Experten, sie liefert jedoch praktische Eselsbrücken, um sich merken zu können, welche speziellen Eigenschaften eine Pflanze hat. Bei der Kräutertour werden Sie beobachten, fühlen, riechen und ein bisschen probieren.

Benutzen Sie Ihre Sinne sorgfältig und lassen Sie sich verzaubern!

Welche Kräuter werden Sie finden?

TIPP

Nehmen Sie eine Lupe mit und betrachten Sie die atemberaubenden Details der Blumen, Kräuter und Bäume

AUF EXPEDITION

Mit den beiliegenden Postern im Format DIN-A4 wird „Wildkräuter entdecken, erkennen und verarbeiten“ zum ganz besonderen Erlebnis. Sie dienen als Hilfsmittel und können nach Wunsch einfach kopiert werden. Auf den Postern finden sich Abbildungen der Kräuter und Bäume aus dem Buch, die sie abhaken können, sobald Sie sie gefunden haben. Was sehen Sie und was fällt ins Auge? Vielleicht haben Sie etwas entdeckt, das den anderen nicht aufgefallen ist. Das Buch bietet Platz für Anmerkungen. Bei mehreren Personen ist es jedoch praktisch, den Schreibbereich auf den Postern zu nutzen. So hat jeder die Möglichkeit, seine Erkenntnisse festzuhalten. Ist eine Pflanze gefunden, kann der zuvor gewählte „Kräuterkapitän“ aus dem Buch über das Kraut vortragen.Wissenswertes, das Sie sich merken möchten, können Sie auf den Postern notieren. Eventuell können Sie zu Beginn der Kräutertour vereinbaren, ob auch das Internet oder andere Informationsquellen hinzugezogen werden. Versuchen Sie, so viele Informationen wie möglich einzuholen. Machen Sie ein interessantes Spiel daraus und erleben Sie die Kräutertour auf ihre ganz individuelle Art. Es gibt verschiedene Methoden, die Poster und das Buch einzusetzen, hier nur ein paar Vorschläge:

FOTOWETTBEWERB

- KRÄUTERKAPITÄN WÄHLEN – der Kapitän ist der Erzähler
- TEAMS BILDEN – die Poster unter den Teammitgliedern verteilen
- PRO TEAM EINEN FOTOGRAFEN AUSWÄHLEN – oder lassen Sie alle fotografieren
- PRO TEAM EINEN PROTOKOLLFÜHRER AUSWÄHLEN – oder jeden eigene Notizen machen lassen
- WER GEHÖRT ZUR JURY? – Abstimmungen sind natürlich möglich!

Organisieren Sie einen Fotowettbewerb: Wählen Sie einen Fotografen aus oder wechseln Sie sich mit der Kamera in der Gruppe ab. Machen Sie sich auf die Suche nach den Kräutern und Bäumen vom Poster und aus dem Buch. Betrachten Sie die Details gefundener Kräuter genau. Fragen Sie den Kräuterkapitän, was über die Kräuter im Buch steht und überlegen Sie mit der Gruppe, was interessant sein könnte, zu fotografieren. Wer oder welches Team kann zum Schluss die besten Fotos vorweisen? Wenn Sie möchten, kann der „Sieger“ auch mit einem Preis belohnt werden. Zum Beispiel mit einem Kräutertee, einer Lupe oder einem Bilderrahmen.

NATURZEICHNEN

- KRÄUTERKAPITÄN WÄHLEN – der Kapitän ist der Erzähler
- ZEICHENMATERIAL VERTEILEN – Zeichenpapier, Bleistifte, Filzstifte

Organisieren Sie einen Zeichenwettbewerb. Machen Sie sich auf die Suche nach den Kräutern und Bäumen vom Poster und aus dem Buch. Betrachten Sie die Details gefundener Kräuter genau. Fragen Sie den Kräuterkapitän, was über die Kräuter im Buch steht und versuchen Sie, die Pflanze nachzuzeichnen. Was nimmt Ihre Aufmerksamkeit gefangen? Zeichnen Sie die gesamte Pflanze oder nur die Blüte am oberen Ende? Wenn Ihnen das Zeichnen schwerfällt, können Sie auch das Poster ausmalen und verzieren.

KRÄUTERBEUTEL

- KRÄUTERKAPITÄN WÄHLEN – der Kapitän ist der Erzähler
- BEUTEL AUSTEILEN – oder gemeinsam anfertigen

Auf Seite 59 (Lavendel) erfahren Sie, wie ein Beutel ganz einfach hergestellt werden kann. Beutel bekommt man auch im Geschäft oder nehmen Sie etwas anderes, in das kleine Fundstücke hineinpassen. Gehen Sie gemeinsam auf Suche nach den Pflanzen und Bäumen vom Poster und aus dem Buch und lassen Sie den Kapitän dazu berichten. Was haben Sie unterwegs alles gesehen? Was erregt Ihre Aufmerksamkeit und was nehmen Sie mit? Das kann alles sein, ein Stückchen Rinde, ein Blatt, Blüten, Samen, ein schöner Stein oder Federn. Jeder sammelt seinen eigenen, magischen Naturbeutel und berichtet zum Schluss über den Inhalt. Wer hat was und warum mitgenommen? Was ist das Besondere und erkennen auch die anderen, um was es sich handelt?

- Wie sehen Stamm oder Stängel aus?
- Sind Blüte, Blatt oder Stängel rau oder leicht behaart?
- Befinden sich Stacheln daran?
- Wenn Sie die Wurzeln ausgraben können, wie sehen diese aus?
- Können Sie beschreiben, was Sie sehen, fühlen oder riechen?

WILDE NATUR

DEUTSCHE NAMEN

Alle Pflanzen und Kräuter tragen einen „normalen" deutschen und einen offiziellen lateinischen Namen. Der lateinische Name lautet in jedem Land gleich. Mit dem Zusatz officinalis oder offizinal wurde im Mittelalter verdeutlicht, dass das Kraut im Offizin, dem Laborraum der Apotheke, vorhanden sein musste.

LATEINISCHE NAMEN

BLÜTE:
März – Mai

BIRKE

Ein Lagerfeuer brennt schneller mit etwas Birkenrinde

Vor der Erfindung des Papiers schrieb man auf Bögen der Papierbirke

1. BETULA → im Sanskrit steht *Betu* für „schlagen“, dies verweist auf die Verwendung in Skandinavien zur Förderung der Durchblutung, indem mit Birkenzweigen auf die Haut geschlagen wird.

Es gibt verschiedene Birkensorten, darunter die häufig vorkommende Moorbirke *(Betula pubescens)* und die Hängebirke *(Betula pendula)* mit ihren heilkräftigen Eigenschaften. Die Unterscheidung der Bäume ist schwierig, da es viele Mischformen gibt und die Bäume leicht miteinander kreuzbar sind. Glücklicherweise sind die verschiedenen Sorten im Allgemeinen gut an ihrer weißen oder silbrigen Rinde erkennbar.

STANDORT

Auf der Heide, in Wäldern, Feuchtgebieten, Parks und Gärten

2. Der Baum wird auch als „weiße Frau mit grünem Schleier" bezeichnet. Das hängende Blätterdach lässt viel Licht durch. Aus den Blättern werden medizinische Tees oder Birkensalbe hergestellt und im Herbst tragen die gefallenen Blätter zur Fruchtbarkeit des Bodens bei.

3. Die geriffelte, gerissene Rinde ist mit trockener, rissiger oder aufgeplatzter Haut vergleichbar. Die äußere Schicht der Baumrinde wird fortlaufend erneuert. Laut Signaturenlehre soll hieran zu erkennen sein, dass Birke gegen nasse und trockene Ekzeme angewendet werden kann.

SEIFENBAUM

Wertvolle Inhaltsstoffe der Birke sind Gerbstoff, Harz und Saponine. Saponine, der Name sagt es bereits, wirken reinigend auf den Körper. Das flüssige Harz ist eine medizinische Seife, die nach altem Brauch beim Einsetzen der Saftströme (März bis April und bei abnehmendem Mond) für eine Reinigungskur aufgefangen werden kann.

HEXENBESEN

Aus den Zweigen werden Körbe und Besen hergestellt. Sie kommen an einen Ort, an dem viele abgefallene Birkenzweige liegen? Bündeln Sie die Zweige und entfernen sie die querliegenden Ästchen, sodass Sie einen schönen langen „Besen" bekommen. Die Zweige mit einem langen Stück Schnur und ein paar festen Knoten miteinander verbinden. Ein etwas dickerer Stock wird zum Besenstiel. Diesen in die Mitte stecken und der Besen ist fertig.

*Bedeutsame Farben:
Blau beruhigt,
Rot verleiht Kraft
Welche Farbe passt zu Ihnen?
Binden Sie die Zweige mit
einer Farbe nach Wahl.*

*In der Magie steht die Birke
für Fruchtbarkeit, einen
Neuanfang und Wachstum*

BLÜTE:
Mai – August

BROMBEERE

1. RUBUS → abgeleitet vom griechischen Wort *raptoo*, das „stechen“ bedeutet.

FRUTICOSUS → ist der lateinische Name für Strauch.

2. Brombeeren zählen zur Familie der Rosengewächse. Die weißen bis hellrosa Blüten zeigen fünf Blütenblätter und sind immer mit vielen Staubgefäßen versehen. Ein Brombeerstrauch kann gleichzeitig Knospen, Blüten und Früchte tragen. Daran ist zu erkennen, dass die Brombeere bei einer ganzen Reihe Beschwerden hilfreich ist.

Spanische Roma stärkten ihre Pferde durch die Gabe von Brombeerblättersud.

STANDORT *Brombeeren entwickeln sich in und an: Hecken, Wäldern, Zäunen. In Gärten, auf Müllhalden und Brachflächen.*

PFLANZE FÜR DAS ABWEHRSYSTEM

3. Es gibt mehr als hundert Brombeersorten und -varianten. Alle Brombeersträucher ähneln einander vom Geschmack. Abhängig vom Boden, auf dem sie wachsen, sind sie mal süß, mal sauer. Die Unterschiede zwischen den Sorten sind nur schwer erkennbar, aber *Rubus fruticosus* (die gewöhnliche Brombeere) ist eine häufig vorkommende Sorte.

Im Gegensatz zu den zart gefärbten, lieblichen Blüten ist ansonsten alles am Strauch stachelig. Die Blätter sind gezähnt und die gebogenen Zweige tragen zahlreiche Stacheln. Sobald die Zweige den Boden erreichen, werden neue Wurzeln gebildet. Dann wachsen stachelige Ausläufer auf abenteuerliche Weise weiter. Der Strauch entwickelt sich weiter und ist unausrottbar. Vor allem dem Immunsystem verleihen sie einen Schub, Brombeeren sind gut für die Widerstandskraft, bei Grippe, Erkältung und Diarrhoe. • Aus einem Teil getrockneter Brombeerblätter und einem Teil Pfefferminzblättern können Sie eigenen Tee gegen Übelkeit herstellen (auf Seite 124 finden Sie Tipps zu selbstgemachten Kräutertees). Das Blatt wirkt blutstillend und darf direkt auf der Haut angewendet werden. Praktisch beim Pflücken der Beeren!

LOTION AUS BROMBEERBLÄTTERN UND WASSER

Bei Zahnfleischentzündung, einer Schürfwunde oder roter, entzündeter Haut ist diese Lotion schnell hergestellt und angewendet:

• 1 bis 2 Handvoll Brombeerblätter mit 1 Liter Wasser zum Kochen bringen. Abkühlen lassen, bis der Sud lauwarm ist, dann abseihen. Die Lotion wirkt reinigend, adstringierend und beruhigend.

Hmmm, Brombeeren! Lecker als Marmelade, Saft, zu Eis, Kuchen ... oder einfach so zum Naschen!

Für eine Brombeersauce können Sie die Früchte pürieren und sieben

Die reifen Früchte zeigen eine dunkelblaue bis schwarze Farbe, gefüllt mit rotem Fruchtsaft. Sie enthalten viel Vitamin C und einen hohen Anteil natürlichen Zucker

BLÜTE:
Juni – Oktober

BRENNNESSEL

Der Stängel ist viereckig und trägt viele Brennhaare

Viele Tiere nutzen Brennnesseln als Versteck und als Schutz vor Gefahren

1. URTICA → ist lateinisch für *urere* und bedeutet „brennen".

2. Wenn Sie eine Brennnessel mit einem roten Stängel entdeckt haben, ist diese besonders reich an Mineralien, vor allem Eisen. Die Blütentrauben bestehen aus kleinen, grünlichen Blüten.

3. Das Blatt ist gezähnt und trägt Brennhaare. Beim Kontakt mit einem Brennhaar kann die Spitze abbrechen. Die Flüssigkeit, die dann austritt, verursacht den Juckreiz und das brennende Gefühl.

STANDORT

In Wäldern, Gärten, an Gräben, Hängen und Müllkippen, Misthaufen ... Die Große Brennnessel ist schon im zeitigen Frühling zu finden, die Kleine Brennnessel erst im Sommer.

Es gibt zwei Sorten Brennnesseln: die Große und die Kleine Brennnessel. Die Große Brennnessel brennt weniger als die kleine. Das ist der Fall, weil diese neben den Brennhaaren auch normale Haare hat. Die Kleine Brennnessel besitzt ausschließlich Brennhaare, weshalb sie stärker brennt.

HILFREICH BEI SCHMERZENDEN GELENKEN

Schon seit dem Mittelalter rollte man sich bei Rheuma und Gelenkschmerzen durch Brennnesseln, um die Durchblutung anzuregen. Eine andere Rosskur bestand darin, mit einem Bund Brennnesseln mehrmals auf die betroffenen Gelenke zu schlagen. Das sollte die Schmerzen lindern und die Bewegung erleichtern. Brennnessel wirkt blutreinigend und kann die Funktion unseres Immunsystems unterstützen. Fühlt man sich schwach und ausgezehrt, kann die Brennnessel Mangelsituationen abhelfen. In den Spitzen (der jungen Triebe) sitzt die meiste Heilkraft. Wenn Sie schon feurig und kräftig genug sind, sollten Sie besser keine Brennnesseln essen oder trinken. Auch die Behandlung von Entzündungen mit Brennnesseln ist nicht empfehlenswert.

HISTAMIN

Histamin ist ein Inhaltsstoff der Brennnessel. Personen mit Heuschnupfen (Pollenallergie) reagieren darauf allergisch. Die Augen beginnen zu jucken und zu tränen, die Nase verstopft, Hautbeschwerden treten auf.

BLÜTE:
Juli – September

GEMEINE WEGWARTE

Weitere Namen sind Zichorie und Himmelsschlüssel

Auf den Feldzügen von Napoleon wurde zum ersten Mal Zichorienkaffee zubereitet

1. CICHORIUM → *kichorion* ist der alte griechische Name der Gemeinen Wegwarte. K*io* ist griechisch für „ich gehe", *Chorion* bedeutet „an Wegen und Feldern".

INTYBUS → heißt „eingeschnittenes, hohles Rohr" oder „Milchsaft".

2. Die himmelblauen Blüten tragen auch blaue Staubfäden. Sie strahlen von Morgen bis Mittag, jedoch nur bei Sonnenschein, sonst bleiben sie geschlossen. Im Durchschnitt öffnen sich die Blüten für ungefähr 5 Stunden. Danach sind sie verblüht.

STANDORT

Wegwarte wächst auf magerem, ausgetrocknetem Boden, Wiesen, in Gärten, Küchengärten und auf Brachflächen. Oft am Straßenrand oder in Schmetterlingsbeeten.

3. Betrachtet man den hohlen, geraden Stängel genau, sieht man, dass er geriffelt oder eingeschnitten ist. Hier und dort wächst ein Zweig heraus. Im Arabischen bedeutet *Intybus* „Milchsaft“. Wie auch beim Löwenzahn enthält der hohle Stängel einen bitteren, weißen Milchsaft. Wegwarte oder Zichorie wird allerdings etwas größer als der Löwenzahn, bis zu 1,5 Meter.

ZICHORIE UND ENDIVIE

Ab dem 17. Jahrhundert wurde die Wegwarte als Nahrungsmittel verwendet. 1848 entdeckte ein Gärtner aus Brüssel, dass die Wurzeln im Dunkeln weißes „Laub“ bildeten. Daher stammt die niederländische Bezeichnung Witlof, „weißes Laub“. Heute wird die Pflanze wegen ihrer wertvollen Nährstoffe angebaut. So wurde *Cichorium endiva*, die Endivie gezüchtet und die Zichorie auch *„Endive“* genannt. In beiden Gemüsen sind die Bitterstoffe der Wegwarte gut zu schmecken. Die Pflanze ist gut für die Verdauung und wird in der Naturheilkunde als Medizin gegen Erkrankungen eingesetzt, die mit der Leber in Verbindung stehen.

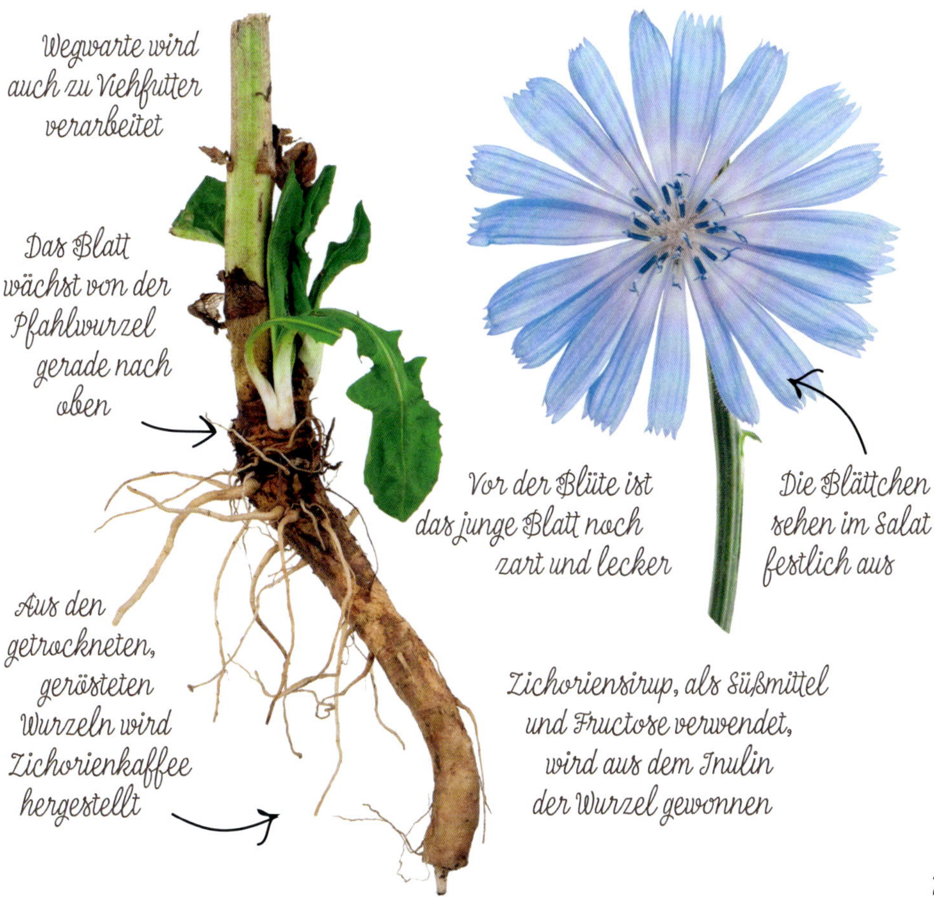

BLÜTE:
Juli – September

ZITRONENMELISSE

Ein Hexenkraut, das für Liebestränke, Glück und Gesundheit genutzt wurde

Äußerlich angewandt, z. B. als Salbe, kann das antivirale Kraut bei Lippenherpes helfen

1. MELISSA → *Meli* bedeutet im Griechischen „Honig" und *Melissa* ist der Name der Honigbiene, die ihren Nektar gern aus dieser Pflanze trinkt. Honig ist süß und Süße steht für Wärme und Liebe.

OFFICINALIS → mit dem Zusatz *officinalis* oder *offizinal* wurde im Mittelalter verdeutlicht, dass das Kraut im Officina, dem Laborraum der Apotheke, vorhanden sein musste.

2. Kleine weiße bis rosa Blüten blühen unauffällig in den Blattachsen. Die Stängel sind viereckig und behaart.

STANDORT

Zitronenmelisse wächst vor allem im Mittelmeerraum, auf feuchtem, nährstoffreichem Boden und wird im Gärten angebaut

3. Die eiförmigen Blätter sind kerbig gesägt und behaart. In diesen Blättchen, die sich kreuzweise gegenüber stehen, sitzen die heilkräftigen Stoffe. Der Duft der ätherischen Öle, darunter *Citronellal*, ist gut wahrnehmbar und hält Mücken fern. Zitronenmelisse neigt zum Wuchern. Sie verbreitet sich über unterirdische Rhizome. Das bedeutet, dass diese Pflanze ein gutes Durchhaltevermögen aufweist und gesund ist für das Immunsystem.

ZITRONENMELISSENLIMONADE

4. Diese gesunde Limonade ist wunderbar erfrischend und leicht hergestellt. • Eine Karaffe mit 1 Liter Wasser füllen. Eine gute Handvoll Zitronenmelisse und den Saft von 1½ Zitronen hinzufügen. Eventuell mit ein bisschen Honig süßen. Das Getränk eine halbe Stunde ziehen lassen. Die Zitronenmelisse mit einem neuen, frischen Zweig ersetzen, Zitronenscheiben und Eiswürfel in die Limo geben.

In Klostergärten war die Zitronenmelisse ein wichtiges Kraut und arabische Ärzte verwendeten sie, „die dem Menschen wieder neue Lebenskraft schenkt", bei schwermütigen Patienten.

Zitronenmelisse beruhigt bei Übelkeit oder Nervosität und ist schmackhaft als Kräutertee vor dem Schlafen.

BLÜTE:
Mai – Juni

WALDKIEFER

Aus den Knospen wird Hustensirup hergestellt

Kiefer wirkt anregend auf die Durchblutung und wird als Badezusatz verwendet.

1. PINUS → Man könnte meinen, dass *pin* von Pein abgeleitet ist, *pin* oder *pen* ist jedoch keltisch für „Felsgebirge“.

SYLVESTRIS → ist lateinisch für „aus dem Wald stammend“ oder „im Wald gewachsen“.

2. An den Nadeln erkennt man, ob es sich um eine Tanne oder ein Kiefer handelt. Die Kiefer trägt ihre Nadeln zweireihig. An der Tanne sitzen die Nadeln einzeln und eine Lärche besitzt dichte Büschel: Kiefer → zweireihig, Tanne → solo, Lärche → Büschel.

STANDORT

Ursprünglich wuchsen Kiefern in felsigen Regionen, sind in Hügel- und Berggegenden heimisch, werden aber auch bei uns zur Aufforstung eingesetzt

HEILIGER BAUM

3. Die Nadeln der Kiefer sind stets grün, auch im Winter. Immergrüne Bäume galten früher als heilig. Weil die Kiefernzapfen viele Samen enthalten, war der Baum nicht nur Symbol für ewiges Leben, sondern auch für Fruchtbarkeit.

Eine Kiefer richtet sich nach der Kraft der Sonne aus. Sie wächst Licht und Luft gerade entgegen. Um die Wintermitte verzierte man diesen „Lichtbaum“ mit bedeutungsvollen Schleifen und Äpfeln, um zu feiern, dass die dunklen Tag vorbei waren, aber auch, um die Baumgeister, die der Legende nach den Baum bewohnten, freundlich zu stimmen.

BAUHOLZ

Kiefernholz wurde im Steinkohlebergbau eingesetzt, weil diese knarrende Holzsorte bei Einsturzgefahr rechtzeitig warnen konnte. Auch viele Möbel und Böden werden aus Kiefernholz gefertigt.

BLÜTE:
April – November

WILDES STIEFMÜTTERCHEN

Im Mai und Juni sind die Blüten am kräftigsten und werden zu medizinischen Zwecken geerntet

Manchmal blühen die Blumen den ganzen Winter hindurch

1. VIOLA → dieser Name soll vom griechischen Verkleinerungswort *ion* oder *vion* herstammen, das „wohlduftend" bedeutet. Es heißt auch, dass die Pflanze ihren Namen wegen der Hauptfarbe, Violett, trägt.

TRICOLOR → ist lateinisch für dreifarbig.

2. Die auch Veilchen genannten Blumen blühen schon zeitig im Frühling. Meist in der Kombination Gelb, Weiß und Violett. Die Blüten bleiben geöffnet, bis sie verblüht sind und blühen sieben Tage.

STANDORT

Veilchen wachsen auf der Heide, in Dünen, auf dem Acker, an Straßen, in Gärten und Wohnvierteln.

3. Die Pflanze bleibt nah am Boden und der Stängel lehnt sich gern an. Auch wenn es sich um eine kleine, verletzliche Pflanze zu handeln scheint, besitzt das Wilde Stiefmütterchen große Heilkraft mit schmerzstillender, lindernder Wirkung. Wie auch *Viola odorata*, das Märzveilchen, wird es für medizinische Zwecke bei Hautproblemen eingesetzt.

HILFE BEI EKZEMEN

Bei Schuppenerkrankungen, Windelausschlag, Hautausschlag bei Kindern und nassem wie trockenem Ekzem kann die Haut vorsichtig mit Öl oder abgekühltem Tee aus Wildem Stiefmütterchen eingerieben oder betupft werden. Der Tee kann auch getrunken werden, falsche oder langfristige Anwendung kann jedoch Erbrechen hervorrufen.

STIEFMÜTTERCHEN

4. Die Pflanze wird auch „Stiefmütterchen" genannt. Das unten liegende Blatt der Blüte ist das größte und soll die Stiefmutter darstellen. Die kleineren Blättchen an seiner Seite ihre eigenen Töchter und die oberen Blütenblätter die Stieftöchter.

BLÜTE:
Juni–Oktober

GEMEINE SCHAFGARBE

1. ACHILLEA → der lateinische Name der Schafgarbe lautet *Achillea millefolium*, benannt nach Achilles, dem wichtigsten Helden des Trojanischen Kriegs, der die Wunden seiner Soldaten mit dem Kraut behandelte.

MILLEFOLIUM → *mille* bedeutet 1000 und *folium* Blatt.

2. Die Blüten sind fast immer weiß, obwohl man manchmal auch Schafgarbe mit rosafarbenen Blättchen findet. Die Blüten stehen in Gruppen (Blütenschirme) beieinander.

Statt Hopfen verwendete man in Skandinavien Schafgarbe zum Brauen von Bier

STANDORT

Schafgarbe wächst vor allem an Wegen und Straßen, aber auch auf Wiesen und Brachen.

Betrachtet man die Blüten genau, erkennt man, dass jede wieder aus einer Menge anderer, winzig kleiner Blüten besteht. Jede ist ordentlich mit einem Stempel versehen. Schöner Tipp: Nehmen Sie die Schirmchen mit nach Hause und pusten Sie beim Blick durch die Lupe!

3. Das Blatt ist gefiedert und scheint aus tausenden Blättchen zu bestehen. Die Verzweigungen erinnern laut Signaturenlehre an die Verzweigung der Blutgefäße. Das Kraut kann bei kalten Händen oder Füßen die Blutzirkulation verbessern. Der Stängel ist viereckig und soll auf die stärkende Wirkung für das Immunsystem verweisen.

ERSTE-HILFE-KRAUT

Die auch Tausendblatt genannte Pflanze soll für 1000 Dinge gut sein. Volksnamen wie Soldaten- oder Zimmermannskraut sind also nicht völlig aus der Luft gegriffen. In England wird die Pflanze auch *Nosebleed* genannt, in Frankreich *Herbe aux militaires*. Sind Sie beim Radfahren oder Wandern gestürzt und haben keine Pflaster dabei? Dann nehmen Sie so wie Achilles Tausendblatt. Es stoppt die Blutung von Wunden und lindert den Schmerz.

Früher wurden die Blüten als Amulett getragen, um dunkle Mächte abzuwehren.

Schön und lecker: Fein geschnittene Blättchen und Blüten über ein Omelett streuen. Nicht zu viel, da Schafgarbe Blausäure-Glykoside enthält, die bei Einnahme großer Mengen giftig sind.

Schafgarbensalbe wird aus den Blättern und den Blütenschirmen hergestellt, die im Juni und Juli geerntet werden

In einigen Kulturen wurde Tausendblatt als heilige, die Zukunft vorhersagende Pflanze betrachtet.

BLÜTE:
April – Mai

EICHE

Geröstet und von ihrem Gewand befreit werden Eicheln für Kaffee-Surrogat und Eichelkakao verarbeitet

Die Eiche wird auch als mächtige Eiche und „König des Waldes" bezeichnet

1. QUERCUS → *quer* bedeutet im Keltischen „schön".

2. Die Eiche ist mit ihrer groben Rinde und dem häufig hohlen Stamm ein einladender Platz für Vögel und Insekten. Eichhörnchen und Waldkauz bauen ihre Nester in Eichen, die guten Schutz und schmackhafte Früchte bieten.

3. Wandert man im Wald, ist es eine echte Herausforderung, Sommer- und Wintereiche zu unterscheiden. Vielleicht können Sie es an den Blättern bzw. den Stielen erkennen: Die Wintereiche hat einen längeren Blattstiel und einen kürzeren an der Frucht.

STANDORT

Eichen können praktisch überall wachsen, in südlichen, trockenen Gegenden und auch auf Weiden.

Die Stieleiche hat jedoch keine Stielchen am Blatt und einen langen Stängel an der Frucht.

Stieleiche

GEHEIME ZEICHENSPRACHE

Beith (Birke), Gort (Efeu), Duir (Eiche): im Baumalphabet der alten keltischen Stämme trägt jeder Baum eine eigene Botschaft. Dargestellt als Buchstabe wurde diese *Ogham* (gesprochen oh-am) von den Kelten als Orakel verwendet. Die Eiche steht für Sicherheit, soliden Schutz, Weisheit, Ausdauer, innere Kraft und Mut.

Eiche zum Ausmalen

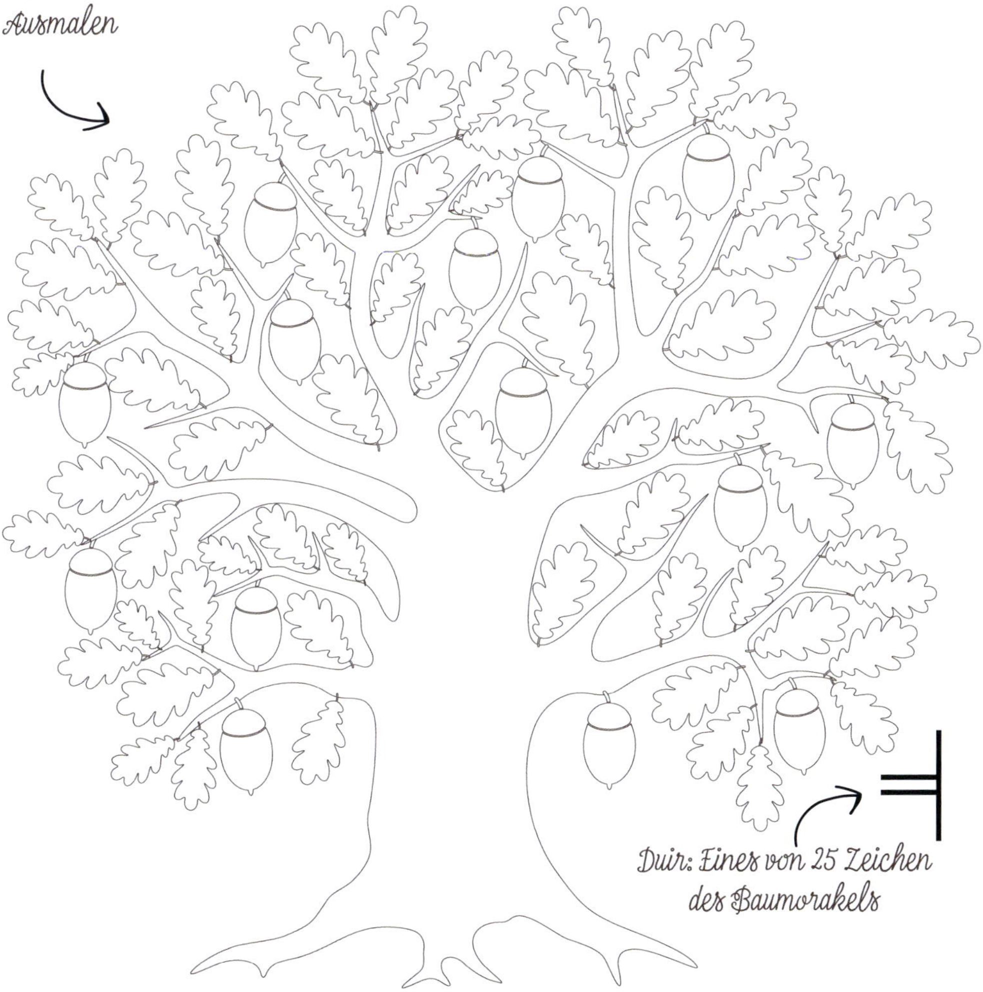

Duir: Eines von 25 Zeichen des Baumorakels

BLÜTE:
September – Dezember

GEMEINER EFEU

Für große Flächen oder im Schatten, wo kein Gras wächst, ist Hedera ein guter Bodendecker

Der Spätblüher ist ein wichtiger Nektarlieferant für Schmetterlinge und Bienen

1. HEDERA → alle Pflanzen, die sich irgendwo festhalten und so kletternd weiter wachsen, erhielten von den Römern die Bezeichnung *Edera*. Das wurde zu Hedera.

HELIX → ist griechisch für „gedreht" und der wissenschaftliche Term für eine Spirale in Schrauben- oder Korkenzieherform.

2. An den Enden der Zweige sitzen die Blütenschirme. Die hellgrünen, kugelförmigen Blüten blühen im Herbst und wachsen danach zu schwarzen, giftigen Beeren aus.

STANDORT

An Hecken, Zäunen, Steinmauern, Ruinen. In Wohngebieten, Gärten, Parks und Wäldern

3. Das junge Blatt hat Herzform. Produkte zum natürlichen Färben der Haare enthalten oft Efeublätter und ein Sud daraus frischt dunkle Kleidung wieder auf.

EWIGE LIEBE

Diese Kletterpflanze kann um die vierhundert Jahre alt werden und bleibt ebenso lange grün. Früher stand der Kletterer als Symbol für „an etwas oder jemandem kleben“. Die Ranken sind als Gabe an frisch Verheiratete ein Symbol ewiger Liebe und Glück. Auch als Weihnachtsschmuck ist das Efeu noch immer Symbol für ewiges Glück. Auf Friedhöfen symbolisiert es nicht nur ewige Liebe, sondern auch ewige Trauer und Unsterblichkeit.

KUNSTVOLL GEKRÖNT

Ein Haus, das mit Efeu bewachsen ist, sieht unheimlich aus. Die eigensinnige, kunstvolle Pflanze wurde früher oft auf Gemälden und Wappen abgebildet. Griechen und Römer flochten Kränze aus Efeu. Sie trugen diese auf dem Kopf, weil sie meinten, Trunkenheit so vermeiden zu können. Efeu wurde als Gegenstück zum Weinstock betrachtet. Von einem trank man, der andere hielt einen nüchtern.

Ein Brei aus Efeu- und Spitzwegerichblättern hilft als Kompresse bei Wespen- und Bienenstichen

BLÜTE:
Mai – Oktober

RINGELBLUME

Die Blütenblätter können als Farbstoff für Lebensmittel, Kosmetika und Textilien verarbeitet werden

1. CALENDULA → *Calendae* oder *Calendulae* bedeutet „Kalender“. Die Erklärung für diesen Namen liegt in der Tatsache, dass die Ringelblume bei mildem Wetter und am Mittelmeer ganzjährig blüht.

OFFICINALIS → mit dem Zusatz *officinalis* wurde im Mittelalter angezeigt, dass ein Kraut im *Offizin*, dem Laborraum der Apotheke, vorhanden sein musste.

2. Wie auch bei Gänseblümchen oder Löwenzahn handelt es sich um eine Pflanze aus der Familie der Korbblütler. Bei Korbblütlern besteht das Zentrum der Blüte aus vielen kleinen Blüten.

STANDORT

Wird in Gärten (Gartenringelblume) und Parks angepflanzt und gezüchtet, taucht aber durchaus auch am Straßenrand auf.

Man könnte sagen, dass der untere Teil der Blütenknospe die Vase bildet, in der sich ein kleines Büschel Miniblüten befindet. Manchmal hunderte ... und das in nur einer Blüte!

3. Die Ringelblume hat die Farbe der Sonne. Meist sind die Zungenblüten orange, manchmal auch gelb. Vor allem die orangen enthalten viel Heilkraft. Die Samen der verblühten Blüten haben die Form kleiner Häkchen oder Halbmonde. Sie werden vom Wind und im Fell von Tieren verbreitet und gelangen so an andere Orte.

Am Blatt erkennt man, dass die Ringelblume leicht behaart ist.

REGENERIERENDE INHALTSSTOFFE

Schon im 12. Jahrhundert wurde Calendula zur Behandlung von Brandwunden angewendet. Neben Xanthophyll, Allantoin und Harz, die geschädigtes Hautgewebe heilen, enthält die Pflanze auch schmerzstillende und desinfizierende Stoffe.

BLÜTE:
Juni – September

GEWÖHNLICHER BLUTWEIDERICH

Früher stellte man aus den Wurzeln einen roten Farbstoff her, um Haar und Wolle zu färben.

1. LYTHRUM → *Lythron* bedeutet „mit Blut befleckt". Die Farbe Rot ist bei dieser Pflanze vorherrschend. Die Blüten sind purpur-rosa und an den Stängeln sitzen rote „Besen".

SALICARIA → dieser zweite Name wurde gewählt, weil die Blättchen Ähnlichkeit mit denen der Weide haben, deren lateinischer Name *Salix* lautet.

STANDORT

Die Pflanze liebt feuchte Gras- und Rietgebiete und wächst wild an Gewässerrändern (wie die Weide). Auch an Teichen und in Gartenbeeten.

2. Jede Blüte trägt fünf, manchmal auch sechs Blättchen. Schicht um Schicht stehen sie in Kränzen um den Stängel. Gemeinsam bilden sie eine Rispe, den Blütenstand.

3. Der Stängel ist an der Unterseite rund, oben viereckig und, wie beim Weidenbaum, sehr biegsam.

LEDER GERBEN MIT GERBSTOFFEN

Blatt und Stängel enthalten viel Gerbstoff. Früher verwendete man ihn zum Gerben von Leder. Dabei wird das Leder aus Tierhäuten für Kleidung, Schuhe oder andere Zwecke beschichtet, damit es nicht mehr verderben kann. Auch Weidenrinde und die Eiche enthalten Gerbstoffe, die diesem Zweck dienen.

Der deutsche Name Blutweiderich bezieht sich auf die blutstillende Wirkung

Blüten und Blätter können zum Badewasser gegeben werden und haben heilende Wirkung bei Ekzemen oder Hautauschlag.

Bei Prellungen oder leichten Schürfwunden kann ein Brei aus den Blättern als Umschlag verwendet werden.

Gewöhnlicher Blutweiderich ist eine kraftvolle Pflanze. Die Rispen sehen im Blumenstrauß schön aus und halten lange

Früher wurde Lythrum salicaria als Mittel zur Blutungsstillung angewendet.

BLÜTE:
Mai – November

BREITWEGERICH

Die Pflanze ist der Liebling aller Schmetterlinge, die sie lange genießen, da sie bis zum Herbst blüht

Dieses meist unterschätzte Kraut hat Heilkräfte und kann als Gemüse zubereitet werden.

1. PLANTAGO → ist lateinisch für „Fußsohle". Die Samen des Wegerichs werden verbreitet, sobald über ihn gelaufen wird.

MAJOR → bedeutet „groß".

2. Das Blatt des Breitwegerichs ist viel runder und breiter als das des Spitzwegerichs. Während der Blüte kann das ausgewachsene Blatt für Tinkturen oder Tee geerntet werden. Die Pflanze wirkt beruhigend und kräftigend. Immer, wenn ein Blatt gepflückt wird, wächst ein neues nach.

STANDORT

An Straßen und Wegen, Deichen und in Wiesen. Der Fundort an Wegen hat der Pflanze ihren Namen verliehen, Wegerich.

3. Im Gegensatz zu seinen breiten Blättern hat der Breitwegerich schmale, lange Blütenstände. Die Samen sind schleimig und wachsen nahezu am ganzen langen Stiel. Sie haben abführende Wirkung.

WEGERICH AUF GROSSER FAHRT

Indianer in Nordamerika nannten die Pflanze „Fußspuren der Bleichgesichter", da der Ursprung der Pflanze in Europa liegt. Unbemerkt haben die Europäer die Samen des Breitwegerichs über die ganze Welt verbreitet, da sie an Schuhsohlen und den Rädern ihrer Wagen hafteten. Überall, wo sich die Bleichgesichter aufhielten, begleitete sie diese besondere Pflanze mit ihren heilenden Eigenschaften.

MAUSÖHRLE- ODER SAURÜSSELTEE

BLÜTE:
Juni – September

ZOTTIGES WEIDENRÖSCHEN

1. EPILOBIUM → der Name ist aus den griechischen Wörtern *epi* und *lobos* zusammengesetzt. *Epi* bedeutet „auf": Die Blüte sitzt „auf" dem Fruchtknoten, der später zur Schote wird. *Lobos* heißt „Hülse" oder „Schote", die trockene Frucht, in der sich die Samen befinden.

HIRSUTUM → bedeutet „behaart".

2. Im Juli steht die Pflanze in voller Blüte. Man sagt, die auffallend rosa Blüten hätten die ursprüngliche Farbe einer *Rose*. Die Blätter ähneln denen des *Weiden*baums.

Der englische Name lautet „Fireweed". Die Pflanze wächst oft an Orten, an denen es gebrannt hat

STANDORT

An Gewässern, Waldrändern, an Orten, an denen es gebrannt hat, auf Brachen und in Dünen.

3. Nach der Blüte bleiben die Kapselfrüchte mit den Samen stehen. Öffnet man die Kapsel, kommen Flusen zum Vorschein. Sie sorgen dafür, dass die Samen federleicht vom Wind verbreitet werden.

WIE SIEHT DAS IM DETAIL AUS?

BLÜTE:
März – Februar

GEWÖHNLICHES HIRTENTÄSCHEL

Das Hirtentäschel ist ein Pionier, der den Boden entsäuert und für andere Pflanzen vorbereitet

1. CAPSELLA - BURSA → kommt aus dem Lateinischen und bedeutet Börse, Tasche, Dose oder Beutel. Die mittelalterlichen Schafhirten trugen lederne Beutel am Gürtel, die den Samenkapseln der Pflanze ähnelten.

PASTORIS → oder *Pastor* kommt von „Hirte". Wörtlich übersetzt heißt das Kraut also „Tasche des Hirten".

2. Die weißen Blüten wachsen in Trauben oben am langen Stängel.

STANDORT

Das Hirtentäschel begegnet uns im Grunde überall, sogar in der Stadt. Meist auf Brachen, aber auch in Gärten, zwischen Pflastersteinen und auf Grasstreifen.

Wenn die Pflanze auswächst, ist die Rosette schon verdorrt. Das Hirtentäschel bringt bis zum Herbst neue Blüten hervor. Während die oberen Blüten noch blühen, können die unteren bereits Früchte bilden. Blüten, Blätter und Samen sind essbar.

LADY'S PURSE ODER HERZKRAUT

3. Andere Namen für die Pflanze mit den herzförmigen Kapseln sind Herzkraut, Taschenkraut und Beutelschneiderkraut. In England nennt man sie Shepherd‘s Purse oder Lady‘s Purse. Laut Signaturenlehre sollen die herzförmigen Samenkapseln auf die medizinische Wirkung auf Herz, Blut und Kreislauf verweisen.

BLÜTE:
April – Juni

GUNDERMANN

Früher hieß der Gundermann Gundelrebe. Gundel bedeutet „Geschwür" und Rebe „Ranke": Geschwürranke, also ein Wundkraut

1. GLECHOMA → *glechon* ist griechisch für Polei, eine Minzeart.

HEDERACEA → kommt von Hedera, dem Efeu.

2. Die violetten Blüten ähneln kleinen Männlein und werden 1 bis 2 cm groß. Die Pflanze gehört zu den Lippenblütlern. Diese haben stets viereckige Stängel und einen kräftigen Duft.

3. Das Blatt hat die Form einer Ohrmuschel, ist leicht behaart und enthält wie die Minze ätherische Öle. Bei Berührung oder Reiben der Blätter wird der Duft freigesetzt. Die Wurzeln heften sich wie

STANDORT

Gundermann wächst an Straßenrändern, Wäldern, in Parks, auf Wiesen und Deichen.

eine Minzesorte an den Boden: Wo sie ihn berühren, bildet sich ein neuer Steckling (wie bei Erdbeeren). Um alles einmal genau zu betrachten, können Sie die Pflanze vorsichtig ausgraben. Nicht vergessen, daran zu riechen! Auch an der Wurzel mit ihrem merkwürdigen, kräftigen Duft.

HEILKRÄFTIG

In der Naturheilkunde wird die Pflanze für die Atemwege, bei Ohrenschmerzen und Husten, aber auch zur Beruhigung bei Nervosität eingesetzt. Gundermann wirkt auf die Psyche, bei Angst, Stress und unterdrückten Emotionen. Bei Heilpflanzen ist die korrekte Dosierung immer sehr wichtig. So auch beim Gundermann, denn das Kraut hat eine nicht zu unterschätzende Giftigkeit. Frische Blätter und Blüten können Sie jedoch ruhig in Salat oder Kräuterbutter verarbeiten. Nehmen Sie dafür die jungen Triebe. Nicht gerade eine ganze Handvoll, betrachten Sie es als i-Tüpfelchen.

WILDKRÄUTERBUTTER

- Ein halbes Päckchen Butter weich werden lassen und ein paar Blättchen und Blüten fein schneiden. Ein paar Blüten zur Dekoration zurückbehalten. Zwei Knoblauchzehen schneiden oder pressen. Ein bisschen Meersalz und Olivenöl hinzufügen. Dann alle Zutaten vermengen. Die Butter in ein schönes Schüsselchen geben und im Kühlschrank wieder fest werden lassen. Mit ein paar Blüten garniert servieren. Sie können natürlich noch andere essbare Wildkräuter für Kräuterbutter verwenden: Wiesenklee, Spitzwegerich, Gänseblümchen ... oder die bekannten „wilden“ Küchenkräuter Schnittlauch, Petersilie, Thymian oder auch Salbei.

Gundermann ist für Pferde und Esel giftig. Sie meiden das Kraut, indem sie um es herum weiden

Gundermann ist eine kleine, kriechende Pflanze, die schnell wuchert

BLÜTE:
Juli – September

ECHTER HOPFEN

Hopfen gehört zu den Hanfgewächsen, den Cannabaceae, und somit zur Cannabis-Familie (Marihuana)

1. HUMULUS → der Name ist ein Verweis auf den Standort: Das lateinische Wort *humidus* bedeutet „feucht" und Humus ist eine nährstoffreiche, besondere Bodensorte.

LUPULUS → *lupo* oder *lupus* ist lateinisch für Wolf.

2. Die alten Germanen kannten das Wort *hoppan*, das klettern bedeutet. *Hopfo* ist altdeutsch für anheben, der Hopfen zählt zu den Kletterpflanzen. Wie ein Wolf ergreift und würgt die Pflanze alles, um in Richtung Licht und Sonne nach oben zu gelangen.

STANDORT

An feuchten, nährstoffreichen Orten. Über Hecken, Zäune, Sträucher, an feuchten Waldrändern und in Gärten

BIER BRAUEN

3. Weiblicher Hopfen trägt Früchte (Hopfendolden) mit Schuppen, die kleine gelbe Hopfendrüsen bedecken. An diesen Drüsenhaaren sitzen Bitterstoffe, ein gelbes, harziges Pulver, das Hopfenmehl Lupulin. Es verleiht dem Bier sein bitteres Aroma und sorgt dafür, dass es länger haltbar bleibt. In den Niederlanden und in Flandern, dem nördlichen Teil Belgiens, wird Hopfen schon seit dem 14. Jahrhundert als wichtige Zutat für Bier geschätzt.

SCHLAFFÖRDERND

Im 16. Jahrhundert begann man auch in England mit der Verwendung von Hopfenmehl für das Bierbrauen. Die Volksvertreter schätzten diese Idee jedoch zunächst überhaupt nicht. Das bittere Kraut sollte den Geschmack verderben und „schlecht" für das Volk sein. Wahrscheinlich wegen der einschläfernden und hypnotisierenden Eigenschaften ...

BLÜTE:
Juni – Oktober

MALVE

Karl der Große ließ die Wilde Malve als Zierpflanze in den kaiserlichen Gärten pflanzen

1. MALVA → stammt vom griechischen Wort *Malakos* für zart oder weich. Alle Malven enthalten lindernde Schleimstoffe und haben eine zarte, freundliche Ausstrahlung.

2. Die hellrosa bis violetten Blüten sind fein geädert. Manchmal scheinen sie die Form von Flügeln oder Herzen zu haben.

3. Im Volksmund wird die Pflanze auch Käsepappel genannt, was sich auf die käselaibförmigen, schleimhaltigen Früchte bezieht. In den Früchten sitzen die Samen, die Sie im Frühjahr für einen Schmetterlings- und Bienengarten aussäen können.

STANDORT

An Waldrändern, Wegen, Straßen, Wäldern, Wohnvierteln, Gärten, Deichen, auf Wiesen und Brachen

SCHLEIM UND SCHLEIMHÄUTE

Früher war die Wilde Malve, *Malva sylvestris*, eine begehrte Pflanze und Heilkraut. Sie wurde von den Römern als Heilpflanze und „Mittel gegen alle Qualen“ angebaut. Die Pflanze hat heilende Wirkung auf Atemwege und Schleimhaut. Schleimhäute schützen Körperstellen, die mit Luft, Nahrung oder anderen Stoffen von außen in Berührung kommen. Sind sie gereizt, können Schleimstoffe helfen, indem sie ein klebriges Vlies über die Schleimhäute legen, so dass letztere regenerieren können. Zum Beispiel bei (Reiz-)Husten, Zahnfleischentzündung, Ekzemen und Verstopfung. Die getrockneten Blüten können als Tee zubereitet werden. Sie enthalten die meisten Schleimstoffe. Die Blüten werden beim Trocknen violett und der Tee hat eine blau-violette Färbung.

MARSHMALLOW

Eibisch, *Athaea officinale,* und Stockrose, *Alcea rosea*, gehören zur Familie der Malven. Früher gab man den Kindern Beißringe aus Eibischwurzeln und die bekannten Marshmallows, die speckartigen Süßigkeiten, wurden ebenfalls ursprünglich aus dieser Wurzel hergestellt.

BLÜTE:
Mai – Oktober

KAMILLE

Eine andere Bezeichnung ist Chamomilla recutita

Kamillentee ist ein Arzneitee und darf nicht in zu großen Mengen oder zu häufig angewendet werden

1. MATRICARIA → ist ein Kompositum der lateinischen Wörter *matrix* (Gebärmutter), *mater* (Mutter) und *caria* (Sorge).

CHAMOMILLA → Kamille stammt vom griechischen Wort *chamaimelon*, das soviel heißt wie „nach Apfel duftend".

2. Kamille ist ein Korbblütler, da die kleinen Blütenköpfchen aus einer Menge kleiner, eigenständiger Blüten bestehen. Die gelben Bällchen sind innen hohl und die Blüte duftet stark. Wenn die Sonne scheint,

STANDORT *Vor allem dort, wo Sand aufgeschüttet ist. Eine Pionierpflanze wie die Kamille liebt Brachgelände zur Bodenreinigung, wird jedoch auch in Gärten angepflanzt.*

strecken sich die Blütenblätter fröhlich in die Horizontale. Bei Dunkelheit und schlechtem Wetter jedoch lassen sie die Blätter hängen.

3. Die Blütenköpfchen gleichen gelben Herzen und die weißen Blütenblätter ein bisschen der Margerite oder einem Gänseblümchen, aber das Blatt der Kamille ist fein verzweigt. Ein deutlicher Unterschied.

TROSTPFLANZE

Kamille wirkt entzündungshemmend und ist bei vielen Beschwerden praktisch, wenn man sie in Vorrat hat. Die Pflanze ist Symbol für die Mutterfigur, bei der wir Wärme und Trost finden. Anzuwenden bei Erkältung, Grippe, Müdigkeit, Kopfschmerzen, Stress, Sorgen, Menstruationsbeschwerden, Blähungen, Diarrhoe, Heimweh und Albträumen.

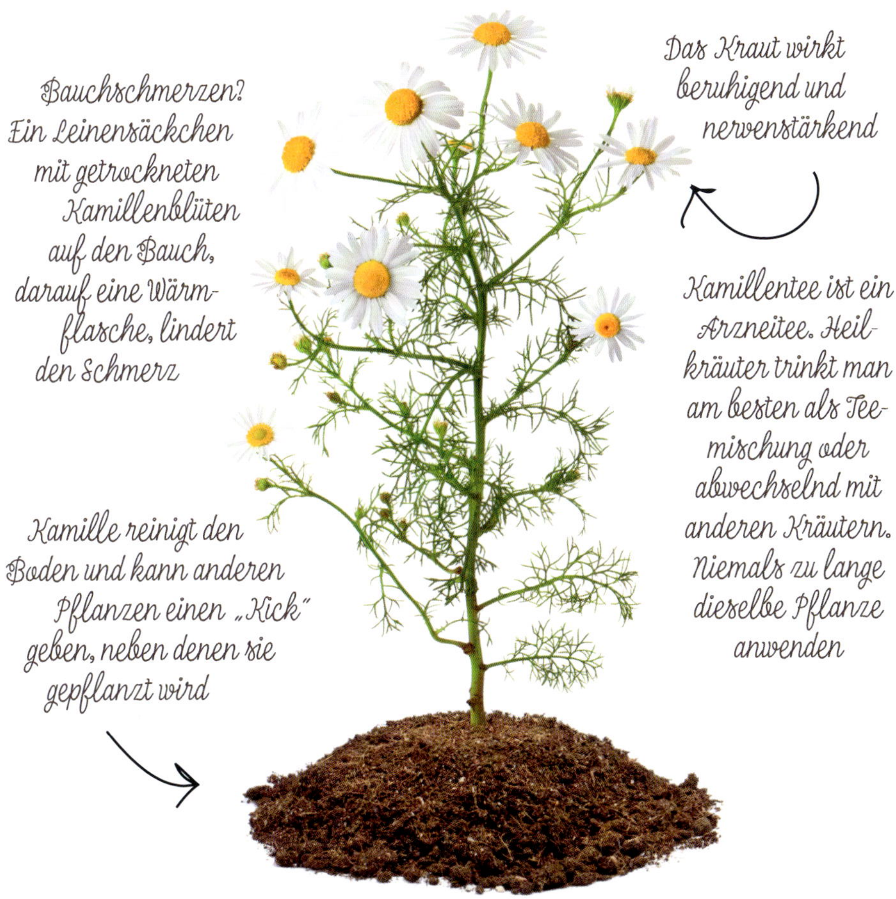

BLÜTE:
Mai – Juli

KLATSCHMOHN

Der Klatschmohn darf nicht mit dem Schlafmohn Papaver somniferum verwechselt werden. Sie ähneln einander. Der Schlafmohn ist gefährlich

Klatschmohn wird zum natürlichen Rouge, wenn man ihn über die Wangen reibt

1. PAPAVER → *papa* stammt von den Kelten und ist das Wort für „Brei". Eingeweichte Blätter wurden weinenden Babys mit dem Brei gefüttert, sodass sie gut schlafen konnten.

RHOEAS → ist griechisch für „fallend".

2. Die unreife Blüte hängt in der Knospe traurig herab. Je reifer die Knospe, desto weiter richtet sich der Stängel auf und die Knospe öffnet sich. Die intensiv rote Blüte mit hauchdünnem, schlaff geknittertem Blatt erscheint. Die Staubfäden stehen im Kranz um die Samenkapsel. Nach der Befruchtung durch Bienen und Hummeln fallen die Blättchen bald ab.

STANDORT

Straßenränder, Wege, Äcker, Brachgelände, Wohngebiete

3. Haben Sie sich die Samenkapsel des Mohns einmal genau angeschaut? Sie ist ein Kunstwerk für sich! Und was befindet sich darin? Mohnsamen. Griechen und Römer verwendeten die Samen als Aromen und Bäcker verzieren Brote und Brötchen damit.

Das Dach der Samenkapsel hebt sich, wenn die Samen reif sind. Mit dem Wind und durch die Schwingungen des Stängels werden die Samen ins Freie geschleudert.

TEUFLISCHE SCHÖNHEIT

Eine alte Geschichte berichtet, dass der Klatschmohn so stolz auf seine Schönheit war, dass der Teufel ihn mit seinen schwarzen Fingern berührte. Das sieht man bis heute am schwarzen Fleck in der Mitte der Blütenkrone ...

Früher schmückten Zeichnungen von Mohn Grabsteine. Und in England ist der Klatschmohn Symbol für gefallene Soldaten. Auf Schlachtfeldern und an Orten, an denen Soldaten begraben sind, wuchs der Mohn wie von selbst. Die schöne rote Farbe der Blüten soll von den blutigen Opfern stammen. Tatsache ist natürlich, dass die Pflanze frisch umgegrabene Erde liebt und die Samen sich auf Äckern schön frei ausbreiten können.

BLÜTE:
Juni – November

KLETTEN-LABKRAUT

Die Samenkapseln verfangen sich im Fell von Tieren und werden so verbreitet

1. GALIUM → stammt vom griechischen Wort *Gala* und bedeutet „Milch". Galium wurde früher als Gerinnungsmittel bei der Zubereitung von Milch für Käse verwendet. Kletten-Labkraut konnte wegen der klebenden Häkchen auch perfekt als Sieb genutzt werden, um die Milch aus dem Melkeimer direkt in den Krug abzuseihen.

APARINE → bedeutet „festhalten" oder „ergreifen"

2. Die schmalen Blättchen stehen im Kranz um den Stängel und sind wie dieser und die Früchte mit kleinen rauen Haaren versehen.

STANDORT

An Äckern, in Wäldern, an Straßen, in Küchengärten und Gärten

KLEBRIGE KLETTERER

3. Zur Blütezeit sind die weißen Blüten nicht größer als etwa 2 mm, während die Pflanze selbst gut 2 Meter erreichen kann. Nach der Blüte verändern sie sich in kugelförmige, klebrige Samenkapseln. Eine Samenkapsel wächst immer Seite an Seite mit einer anderen.

Labkraut ist eine Kletterpflanze und hat zahlreiche Haken, um sich überall festzuhalten und nach oben zu arbeiten. Ohne diesen Halt läge das Kraut schlaff am Boden.

KLEBKRAUT

Mit Kletten-Labkraut kann man sich schön gegenseitig ärgern, indem man sich die Kletten an die Kleidung wirft. Aber neben diesem Spiel ist die Pflanze hat die Pflanze eine positive Wirkung auf die Lymphknoten unseres Körpers. Das Kraut unterstützt nämlich den Abtransport von Abfallstoffen. Und das nicht nur bei uns, sondern auch bei manchen Tieren. Hühner finden die Pflanze schmackhaft und sie tut ihnen gut. Pferde können Labkraut zur Unterstützung geschmeidiger Gelenke und für ein glänzendes Fell erhalten.

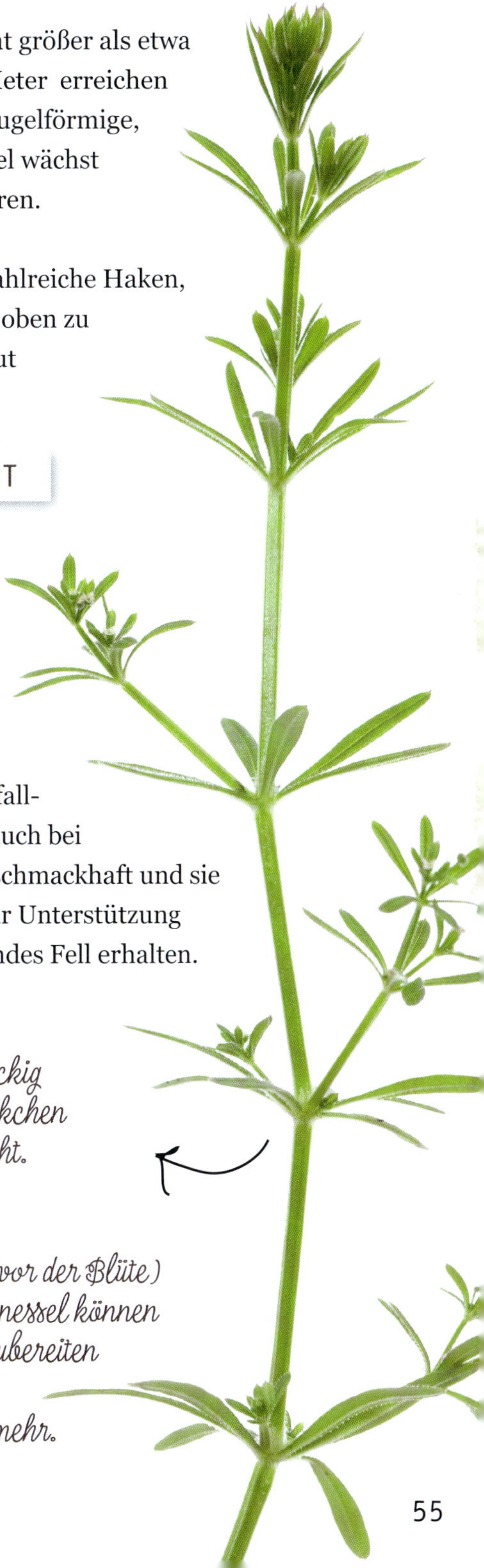

Der Stängel ist viereckig und weist weniger Häkchen auf als die Frucht.

Kletten-Labkraut kann im Frühling (vor der Blüte) geerntet werden. Wie bei der Brennnessel können Sie aus der jungen, frischen Pflanze Tee zubereiten oder sie als Gemüse verzehren. Einmal gekocht klebt die Pflanze nicht mehr.

BLÜTE:
Januar – April

HUFLATTICH

Früher wurde Huflattich für Rituale angewendet. Zum Beispiel, um die Sonne willkommen zu heißen

1. TUSSILAGO → *Tussis* ist lateinisch für „Husten“ und *ago* kommt von agere, das „vertreiben“ bedeutet.

FARFARA → *Far* ist lateinisch für „Mehl“ und *fero* für „tragen“. Eigentlich also „mehltragend“, das Blatt ist mehlig.

2. Der Huflattich gehört zu den ersten Blühern. Die orange-gelben Blüten erscheinen manchmal bereits im Winter und wandern mit der Sonne mit.

STANDORT

Er wächst an Straßenrändern und Baustellen und zieht ein, um den Boden zu reinigen. Huflattich ist ein echter Pionier. Nach Bearbeitung des Bodens erscheint er an neuer Stelle, um auch dort den Boden zu verbessern.

FILIUS ANTE PATREM

3. Im zeitigen Frühjahr erkennt man die Pflanze an den Knospen, die - noch ohne Blatt - aus dem Boden schauen. Die Blätter erscheinen später. Durch dieses Phänomen erhielt sie im Mittelalter den Namen Filius ante patrem, „der Sohn vor dem Vater“. Auch beim Gewöhnlichen Pestwurz, der dieselbe Blattform hat, wächst erst die Blüte und danach das Blatt. Äußerlich sind die Pflanzen durchaus unterschiedlich. Außer der Blattform, die beim Gewöhnlichen Pestwurz wirklich viel größer ist, ist auch die Menge giftiger Alkaloide viel höher. Beide Sorten zählen zwar zu den Korbblütlern, auch die Blüten sind jedoch sehr unterschiedlich. Huflattich hat runde, gelbe Blüten, Gewöhnlicher Pestwurz dagegen große, knotenförmige und rosa Blüten. Wenn Sie den Unterschied selbst einmal genau betrachten möchten, finden Sie den Gewöhnlichen Pestwurz an Gewässerufern.

Huflattich enhält Pyrrolizidinalkaloide, die bei häufiger und langfristiger Anwendung schädlich sein können

BLÜTE:
Juni – August

LAVENDEL

Wenn sie leicht über die Abbildung reiben, riechen sie vielleicht den Duft des Lavendels

1. LAVANDULA → kommt vom lateinischen Wort *lavare*, wird im Italienischen täglich verwendet und bedeutet „baden“ oder „waschen“. Die Römer verwendeten das Kraut als Seifenzusatz und in Badehäusern. Die Sorten *Lavandula angustifolia* und *Lavandula latifolia* werden zu medizinischen Zwecken genutzt. Diese Lavendelsorten sind auch für die Küche geeignet.

2. Der Stängel ist lang und viereckig. An der Unterseite der Pflanze erkennt man, dass Lavendel ein verholzender Strauch ist. Solche Pflanzen vertragen Hitze und grelle Sonne gut.

STANDORT

Liebt direkte Sonne und sandigen Boden. Wächst vor allem im Mittelmeerraum oder angepflanzt in Parks und Gärten.

3. Der Duft des Lavendels wird für Parfüms und Seifen verwendet. Wegen des Dufts, aber auch, weil das Kraut desinfizierend wirkt. Die Blüten sind reich an ätherischen Ölen. Beim Zurückschneiden des Strauchs wird der Inhaltsstoff Cumarin freigesetzt, der den Duft noch intensiviert. Cumarin hat blutverdünnende und leicht betäubende Wirkung.

HILFE BEI SONNENBRAND

Lavendelöl und lavendel-ätherisches Öl ist nicht dasselbe. Ätherisches Öl ist ein aromatisches Öl und flüchtig. Es verdunstet schnell und wird in kleinere Fläschchen verpackt. Das ätherische Öl des Lavendels ist eines der wenigen, die direkt auf die Haut aufgetragen werden dürfen. Ein Tröpfchen ätherisches Lavendelöl hilft beispielsweise bei Insektenstichen. Lavendelöl kann bei Hautrötungen durch Sonnenbrand angewandt werden: dann mit ein bisschen Kokosöl mischen. Die Haut wird gepflegt, erfährt Linderung und wird beruhigt.

PARFÜMSÄCKCHEN

Ein Stück Baumwolle oder Leinen kreisförmig ausschneiden. Etwas Lavendel in die Mitte geben. Sie können den Beutel nach Belieben farbig und duftend gestalten: Ein paar Tropfen ätherisches Öl oder andere duftende Kräuter hinzufügen wie Kamille, Rosenblätter oder ein bisschen Zimt. Mit einem Band verschließen, sodass ein hübsches Säckchen daraus wird.

Schön als Geschenk oder einfach für Sie selbst.

Mit diesem Liebeskraut unter dem Kissen werden Sie sicher von Ihrer (künftigen) Liebe träumen!

Sind Sie nervös, haben Sie Kopfschmerzen oder Konzentrationsprobleme? Das Riechen am Lavendel beruhigt und sorgt für einen kühlen Kopf.

BLÜTE:
Juni – Juli

LINDE

Eine Linde kann bis zu 1000 Jahre alt werden und blüht erst nach ihrem 20. bis 30. Lebensjahr

1. TILIA → der lateinische Name *Tilia* stammt vom griechischen Wort *tilos*, das „Holzfaser“ bedeutet. Die Rinde der Linde ist eine flexible, weiche Holzsorte, aus der Handgriffe für Körbe und Speere, aber auch Spielsachen hergestellt wurden.

Die Holländische Linde ist eine Kreuzung zwischen Sommerlinde und Winterlinde. Alle Sorten sind heilkräftig.

2. Die gelben Blüten der Linde sitzen hoch oben im Baum. Sie duften süß. Hummeln und Bienen sind danach verrückt und erzeugen daraus vitamin- und mineralstoffreichen Honig, den Lindenblütenhonig.

STANDORT

Linden sieht man vor allem in alten Ortskernen. Außerdem in Parks, in Alleen und an Parkstreifen.

LINDENBLÜTENTEE

Die Blüten werden im Juni um Mittsommer geerntet. Dabei wird darauf geachtet, dass sie schön sauber sind. In Frankreich ist die Luft an vielen Orten reiner und die Blüten können dort deshalb reichlich gepflückt werden. Die Franzosen jedenfalls wissen sehr wohl etwas mit der Ernte anzufangen und trinken täglich *Tilleul*, den Lindenblütentee.

3. Das Lindenblatt ist herzförmig und sondert einen süßen, klebrigen Stoff ab. Den Schmutz in der Luft kann man gut daran erkennen, wie viel davon am Klebstoff haften bleibt. Die Blätter sehen dann schwarz und hässlich aus.

4. Die langen Flügelchen, die sich an Blatt und Blüte bilden, lassen die Samen länger herumwirbeln, sodass sie vom Wind besser verbreitet werden können.

LIEBESBAUM

Früher wurde der Baum oft an Plätzen gepflanzt, an denen Menschen zusammenkamen. Der Lindenbaum bietet mit seinem breiten Stamm und der großen Blätterkrone einen schattigen Treffpunkt. Die Germanen verbanden den Baum mit der Göttin der Liebe und Fruchtbarkeit. Unter der Linde wurde geheiratet, gelacht, geweint, getrunken und getanzt.

Tee aus den sauberen Blüten beruhigt bei Erkältung, Reizhusten aber auch bei Stress und Nervosität

Lindenblütentee ist durch den süßen Duft und Aroma trostspendend und wärmend

Die zarten Blätter können als Salat, die älteren wie Gemüse zubereitet werden

BLÜTE:
März – Mai

ECHTES LUNGENKRAUT

1. PULMONARIA → *pulmo* ist das lateinische Wort für „Lunge".

OFFICINALIS → mit dem Zusatz *officinalis* wurde im Mittelalter angezeigt, dass ein Kraut im Offizin, dem Laborraum der Apotheke, vorhanden sein musste.

2. Die trompentenförmigen Blüten verändern ihre Farbe von rosa zu blau, nachdem sie bestäubt wurden.

3. Charakteristisch sind die gefleckten Blättchen des Lungenkrauts.

Das Blatt des Echten Lungenkrauts wurde häufig zu heilkräftigen Mitteln verarbeitet

STANDORT *Vor allem als Zierpflanze in Gärten, selten wild: An schattigen Gewässerufern, unter Sträuchern und Büschen.*

Laut Signaturenlehre lassen die Flecken auf dem Blatt an Lungenbläschen oder erkrankte Lungen denken. Die Pflanze enthält viele Schleimstoffe und wurde früher bei Lungenbeschwerden eingesetzt: Husten, Asthma und Bronchitis.

WERMUT ODER TEE

Lungenkraut, Vanille und Zimt werden dem (alkoholischen) Getränk Wermut als Aroma hinzugefügt. Das Kraut ist auch lecker in einer Teemischung, z. B. in Kombination mit Vanille und Zimt.

BLÜTE:
April – März

GÄNSEBLÜMCHEN

Salbe aus Gänseblümchen hilft bei blauen Flecken oder trockenem Hautausschlag

Gänseblümchen regen die Durchblutung an

1. BELLIS → *bellus* bedeutet im Lateinischen „schön“ und „niedlich“.

PERENNIS → „das ganze Jahr hindurch“. Gänseblümchen blühen fast ganzjährig und können bis 17 Grad Frost vertragen. Im Mai ist die Pflanze am kräftigsten, daher wird sie auch Maiblume genannt.

Grund für den Namen könnte der Standort des Gänseblümchens sein. Gänseweiden sind durch die organische Düngung nährstoffreich. Und durch die Tiere wird das Gras kurzgehalten, optimale Bedingungen für die kleine Pflanze.

STANDORT

Auf Spielplatzwiesen, Weiden, an Deichen, in Parks, an Straßenrändern und in Gärten. Niemals an Straßen oder dort pflücken, wo Hunde ausgeführt werden

2. Das gelbe Herz besteht aus mehreren Blüten. An der Dicke des gelben Zentrums kann man erkennen, ob ein Gänseblümchen fast verblüht ist. Einmal aus der Knospe stehen die kleinen Blüten weit geöffnet.

WETTERFROSCH

3. Die Blüte ist behaart mit weißen Zungenblüten, oft mit einem Hauch rosa. Um so viel Licht und Energie wie möglich aus der Sonne zu erhalten, streckt sich das Gänseblümchen mit den Zungenärmchen so hoch wie möglich. Es regnet? Dann bleiben die Blütenkörbchen geschlossen, die Köpfchen neigen sich zur Erde.

MAGISCHE SCHÖNHEIT

Die „geschlossenen“, frischen Blüten sorgen ohne Stiele für einen Überraschungseffekt in einer Tasse Tee und in der Suppe. Wie im Märchen öffnen sich die Blättchen langsam wieder …

GÄNSEBLÜMCHEN TROCKNEN

Die Blüten können frisch oder getrocknet verzehrt werden, sehr hübsch auch als Garnierung! Mit ein bisschen Eiweiß haften sie am Kuchen. Schöne, geöffnete Blüten pflücken, Stängel entfernen und vorsichtig waschen. Den Ofen auf 30° C aufheizen. Die Blütenköpfchen auf Backpapier legen und ein Eiweiß schaumig schlagen. Blüten vorsichtig mit Eiweiß bestreichen und etwa 15 Minuten im Ofen trocknen.

Gänseblümchen haben völlig andere Blätter als die Kamille

Plätzchen mit selbst gepflückten Gänseblümchen verzieren

BLÜTE:
Mai – Juni

WEISSDORN

Der Eingriffelige Weißdorn riecht besser als der Zweigriffelige.

Das Holz des Weißdorns ist unglaublich hart und wurde früher als Hackklotz genutzt

1. CRATAEGUS → stammt vom griechischen Wort *kratos*, das „kräftig“ bedeutet, eine Anspielung auf die Härte des Holzes.

Der Eingriffelige Weißdorn, *Crataegus monogyna*, trägt einen Samen pro Beere. Mono bedeutet „eins“. Beim Zweigriffeligen Weißdorn (*Crataegus laevigata* oder *Crataegus oxyacantha*) sind zwei bis drei Beeren pro Frucht vorhanden. Oxyancantha bedeutet spitzdornig. Die Dornen sitzen versteckt zwischen den Blättern, schwer zu sehen, aber gut zu fühlen!

STANDORT

In Parks und Wäldern, an Waldrändern, Dünenrändern, Bächen und Flüssen, als Umzäunung um Parkplätze und an Bauernhöfen. Der Eingriffelige Weißdorn ist etwas seltener

Die spitzdornige Pflanze wird auf dem Land als Hecke zum Schutz für das Vieh vor Eindringlingen angepflanzt.

2. Die duftenden rosa Blüten mit vielen Staubfäden zeigen, dass der Weißdorn zur Rosenfamilie gehört. Die Blüten sind essbar und lecker im Salat, aber auch als Weißdornblütensirup. Wenn Sie sie verwenden möchten, müssen Sie schnell sein, sie blühen nur kurz. Die Blüten ernten, wenn die Staubfäden rot sind. Dunkel oder schwarz geworden fallen sie auseinander und sind zu alt.

3. Die essbaren, kornförmigen Beeren (Früchte) enthalten Vitamin A und C. Sie ähneln Hagebutten, sind aber etwas kleiner. Das junge Blatt, vor der Blüte geerntet, kann im Salat verarbeitet werden.

MAIFEST

Der Baum symbolisiert den Frühling (Wiedergeburt, Fruchtbarkeit oder Neubeginn). Bei Frühlings- oder Maifesten wurde um den Baum getanzt, der mit Bändern verziert war. Die Maikönigin wurde gewählt und mit einer Krone aus Weißdornblüten gekrönt.

HERZKRAUT

In der Naturheilkunde wird Crataegus bei Herzbeschwerden und Problemen mit dem Blutkreislauf angewendet. In einigen Ländern ist er eher für seine beruhigenden Eigenschaften bekannt und wird gegen Schlaflosigkeit und Nervosität eingesetzt.

Die mehligen Beeren wurden im Zweitem Weltkrieg im Brot verarbeitet

Die Beeren schmecken in Torten und Desserts

Die Früchte reifen im August und sind den Vögeln hochwillkommen. Sie sind nahezu verrückt danach. Da sie die Samen wieder ausscheiden, werden diese verbreitet.

BLÜTE:
Juni – Oktober

ECHTES MÄDESÜSS

Früher wurde in begüterten Haushalten Mädesüß zur Abwehr schlechter Gerüche im Haus verteilt

1. FILIPENDULA → stammt aus dem Lateinischen. *Filum* bedeutet „Faden“ und *Pendula* „hängend“. Beim Familienmitglied *Filipendula vulgaris,* dem Kleinen Mädesüß, hängen knollenförmige Wurzeln an Fäden.

ULMARIA → von *Olm* oder „Ulme“.

2. Die fedrigen, traubigen Blütenstände sind weiß oder rosa. Die Blüte weist viele Staubfäden auf. Mädesüß hat einen kräftigen Stängel, holzig und gerippt, oft mit auffallend roter Farbe.

STANDORT

Auf der Suche nach Echtem Mädesüß? Fundstellen sind feuchte, nasse Böden und Grünflächen oder Riet. Zum Beispiel an Gewässerufern

3. Das Blatt ist gefiedert und ähnelt dem der Ulme.

BESONDERE INHALTSSTOFFE

Mädesüß ist schon seit dem Mittelalter als schmerzstillend bekannt und wurde auch zur Linderung von Beschwerden mit dem Flüssigkeitshaushalt eingesetzt, zum Beispiel bei Rheuma. Wie auch die Weide enthält Mädesüß den schmerzstillenden Stoff Salicin. Ein starker Duft weist eigentlich immer auf ätherisches Öl hin. Der spezielle süße, krankenhausartige Geruch des Mädesüß rührt von Monotropidin her. Dieser Stoff wirkt desinfizierend. Ein weiterer Inhaltsstoff ist Cumarin. Er sorgt dafür, dass die Pflanze beim Trocknen noch stärker duftet … wie auch der Lavendel!

GEISSBART-POTPOURRI

BLÜTE:
Juli – September

MINZE

Pfefferminze enthält gut 60 % Menthol

Der Buchstabe „X" in der wissenschaftlichen Bezeichnung gibt an, dass es sich bei der Pflanze um eine Kreuzung handelt

1. MENTHA → die Übersetzung des griechischen Wortes *minthos* bedeutet „stark riechend".

2. Die Blüten bilden ein wolliges, pastellfarbenes Bällchen und stehen als Scheinblüte um den stets viereckigen Stängel.

3. Pfefferminze, *Mentha x piperita* ist die gezüchtete Kreuzung von Wasserminze und Grüner Minze. Piperita bedeutet „gepfeffert". Wegen des hohen Gehalts an ätherischen Ölen wird diese Minzesorte auch zur Herstellung von Pfefferminzbonbons verwendet.

STANDORT

Die Pflanze wird häufig angebaut. Wilde Sorten sind selten. Die Varietäten sind in Kräuter- und Küchengärten zu finden.

DIE HEILENDE KRAFT DER MINZE

Pfefferminze und *Mentha spicata* (auch Ährige Minze, Krause Minze oder Grüne Minze) haben eine starke Heilwirkung. Minze wirkt auf der Haut kühlend, beruhigend und schmerzlindernd. Mentholpulver ist ein simples traditionelles Mittel gegen Juckreiz bei Mückenstichen, unerklärlichem Hautausschlag, bei Ekzemen oder Windpocken (Achtung, nicht auf die Bläschen geben). Die Haut entkrampft durch Speerminze und nach einer zu schweren Mahlzeit kann Minze den Magen beruhigen. Auch ein Grund, im Restaurant das Pfefferminzstückchen nach der Mahlzeit zu nehmen.

Zu viel Menthol ist nicht gesund. Kinder vertragen die Pflanze weniger gut und Schwangere sollten nicht zu viel anwenden.

Durch Riechen an Minze werden Kopfschmerzen gelindert und schwache Nerven gestärkt

Es gibt gut fünfhundert verschiedene Varietäten

Direkt vor der Blüte wird das Aroma intensiver. Das ist der Zeitpunkt, zu dem geerntet wird

Minzesorten werden vor allem kulinarisch oder getrocknet als Minztee verwendet

BLÜTE:
Februar – Dezember

LÖWENZAHN

Volksnamen für den Löwenzahn sind „Bettpisser", „Pferdeblume" oder „Hundeblume"

Nur jung gepflückte Blüten sind essbar. Danach werden sie zur Pusteblume

1. TARAXACUM → Kompositum aus den griechischen Wörtern *taraxis* (eine Augenerkrankung) und *akeomai* (heilen).

OFFICINALE → mit dem Zusatz *officinale* wurde im Mittelalter angezeigt, dass ein Kraut im *Offizin*, dem Laborraum der Apotheke, vorhanden sein musste.

2. Die gelben Zungenblüten richten sich nach der Sonne. Die Blüten schließen sich bei Dunkelheit oder Regen.

STANDORT

Jeder kennt die Pflanze, die an irritierend vielen Stellen wächst: In der Wiese und auf Brachgelände. Zwischen Wegplatten, an Mauern und in Gärten

3. Wenn die kleine Blüte verblüht, entsteht die bekannte Pusteblume, die aus winzigen Flugschirmen besteht. Wie Fallschirme sind diese mit den Samen verbunden. Sie sitzen auf einer Art Nadelkissen fest, bis der Wind sie forträgt. Oder Sie pusten selbst ... wenn alle auf einmal wegfliegen, dürfen Sie noch einmal!

SUPERKRAUT

Eigentlich ist der Löwenzahn ein Superfood. Diese multifunktionelle Pflanze kann vielfältig verwendet werden. Löwenzahn ist eine traditionelle Nahrungspflanze und enthält viele gesunde Bitterstoffe. Früher suchte man in Maulwurfshügeln nach „Maulwurfssalat". Dieser mit Erde bedeckte Löwenzahn hat eine bleiche Farbe und einen zarten Geschmack. Die ganze Pflanze wird wegen ihrer heilkräftigen Wirkung für medizinische Zwecke genutzt. Insbesondere die Wurzeln enthalten viele Bitterstoffe, die zu einer gesunden Verdauung beitragen.

BLÜTE:
Mai – Juni

WEISSE ROSSKASTANIE

Jede Kerze trägt hunderte, nach Honig duftende Blüten

Pferde erhalten die Früchte gegen Schwitzen und zur Heilung von Husten und Kurzatmigkeit

1. AESCULUS → ist lateinisch für „Eiche mit essbaren Eicheln“. Diese Kastanie ist jedoch nicht essbar, sondern giftig! Vermutlich wurde die Rosskastanie mit der Edelkastanie verwechselt, die für Menschen sehr wohl verzehrbar ist. Auch Rinde und Blätter sind giftig.

HIPPOCASTANUM → *Hippo* ist griechisch für „Pferd“ und *castanea lateinisch* für Kastanie.

2. Die Blüten sind weiß mit rosa und gelbe Flecken an der Innenseite. Sie stehen kerzengerade und voller Energie, um für ihre Samen (die Kastanien) so viel Kraft wie möglich aufzufangen.

STANDORT

An Wegen, in Parks, großen Gärten und an Bauernhöfen

3. Die jungen Blätter sind samtweich und „handförmig". Die Kastanie ist ein Baum mit ungeheuer viel Lebenskraft. Nach der Blüte lässt sie jedoch die Blätter hängen, der Baum wirkt erschöpft.

In der Naturheilkunde werden Früchte und Rinde zur Steigerung der Durchblutung und zur Stärkung der Blutgefäße eingesetzt. Die Salbe kann bei Krampfadern und Rosenäderchen angewandt werden, aber auch bei kalten Händen, Füßen und steifen Gelenken. Die Inhaltsstoffe der Baumrinde werden zudem zu kosmetischen Zwecken genutzt. Sie halten die Haut glatt und straff und schützen vor UV-Licht (Sonnenbrand).

HUFEISENSUCHE

Im Herbst, sobald die Blätter gefallen sind, erkennt man an den Zweigen noch, wo der Blattstiel saß. Es sind „Narben" in der Form von ... Hufeisen!

WASCHEN, WASCHEN, WASCHEN

Das Fruchtfleisch der Kastanie enthält Saponine. Das Schälen ist eine lästige Angelegenheit, einmal jedoch geschafft, kann die Frucht ihre Aufgabe als Waschmittel oder Seife, für Haut und Kleider, erfüllen.

BLÜTE:
Mai – November

RUPRECHTSKRAUT

1. GERANUS → ist der griechische Name für „Klapperstorch".

ROBERTIANUM → *Herba ruberta* ist lateinisch für „rotes Kraut". Fast alles an dieser Pflanze ist rosarot. Es heißt auch, das Kraut sei nach einem Heiligen Bischof mit Namen Robert benannt, der die blutstillende Wirkung der Pflanze entdeckt haben soll.

2. Die rosa Blüten enthalten viel Nektar und sind bei Schmetterlingen und Bienen beliebt. Einmal befruchtet wachsen sie zu Samenkapseln aus.

Das Einreiben der Haut mit frisch gepflückten Blättern hält Insekten (auch Mücken!) fern

STANDORT

Ruprechtskraut wächst schon zeitig im Frühjahr und liebt schattige Flecken im Wald, zwischen Sträuchern, Wegplatten und an Mauern.

3. Die langen Samenkapseln ähneln den Schnäbeln des Klapperstorchs. Wenn die Schnäbel reif sind und sich öffnen, schießen die Samen manchmal bis zu sechs Meter weit in verschiedene Richtungen!

STINKER

Wie auch andere Kräuter trägt das Ruprechtskraut Volksnamen: Stinkender Storchschnabel, Bockskraut und Rotlaufskraut. Bei näherer Betrachtung und Riechen begreift man, warum. Reiben Sie probeweise Blätter, Knospen oder Blüten klein. Finden Sie auch, dass sie stinken?

HEILKRAFT

In der Kräuterheilkunde wird aus der ganzen Pflanze, außer der Wurzel, Salbe und Tinktur hergestellt. Eine Kompresse aus Ruprechtskraut hilft gegen blaue Flecken. Experten verwenden die Pflanze bei Problemen mit Blut oder Haut. Ist das Blut verunreinigt, nutzt unser Körper die Haut als Ventil. So kommt es beispielsweise zu Ekzemen, Geschwüren oder Furunkeln. Ruprechtskraut ist bitter und daher weniger für Tee geeignet.

Ruprechtskraut zum Ausmalen

BLÜTE:
Mai – August

ROTKLEE

Rotklee ist essbar und mit Erbsen, grünen Bohnen und Ackerbohnen verwandt

Probieren Sie den Nektar, indem Sie eine Blüte aussaugen

1. TRIFOLIUM → *tri* bedeutet „drei“ und *folium* „Blättchen“.

PRATENSE kommt von *pratum* und heißt „Weide“. Benannt nach dem Standort, an dem der Rotklee von Natur aus wächst. Leider wird auf Weiden häufig Kunstdünger eingesetzt und der Rotklee ist immer seltener dort zu finden.

2. Die Pflanze ist leicht an ihren rosa Bällchen zu erkennen, die dreißig bis sechzig Röhrenblüten tragen. Bienen kommen nur schwer an den Nektar, der tief in den Röhrenblüten sitzt.

STANDORT *Rotklee wächst in feuchten Bereichen, auf Wiesen, an Gräben, Straßen und Deichen*

Eine Hummel (mit langer Zunge) hat aber Chancen. Die Blüten sind essbar. Schön als Deko für den Salat und aus ein paar Blättchen kann Tee aufgegossen werden.

3. Fast alle Rotkleepflanzen haben drei Blätter. Auf jedem Blatt steht der Buchstabe „V“. Vielleicht als Abkürzung für „Viehfutter“, früher eine häufige Verwendung?

GLÜCKSBRINGER

Oft heißt es, die drei Blättchen stünden für Hoffnung, Glaube und Liebe. Das vierte aber für … Glück. Und suche man nach dem vierblättrigen Kleeblatt, suche man das Glück außerhalb von sich selbst. Wie auch immer, die Suche nach dem Glücksbringer ist ein schönes Spiel, das auch noch wunderbar beruhigt.

BLÜTE:
Juli – September

PURPUR-SONNENHUT

Der lange, kräftige Stängel kann gut anderthalb Meter hoch werden

Echinacea oder Purpur-Sonnenhut ist die meist angebaute und medizinisch genutzte Pflanze der Welt

1. ECHINACEA → *echinos* ist lateinisch für „Igel", abgeleitet vom runden, stacheligen Herz der Blüte.

PURPUREA → verweist auf die Purpurfarbe der Pflanze.

2. Betrachtet man das igelförmige Innere, erkennt man, dass es aus vielen kleinen Röhrenblüten besteht. Wie Kamille und Gänseblümchen ist der Purpur-Sonnenhut ein Korbblütler. Der „Igelkopf" wird immer runder, je länger die Röhrenblüten blühen.

STANDORT

Der Purpur-Sonnenhut zählt nicht zu den heimischen Wildkräutern, ist aber in Gärten zu finden, wo er als Zierpflanze angepflanzt wird.

3. Die Blüte hat einen Durchmesser von etwa zehn Zentimetern und ist mit ihren rosa-purpur Hüllblättern eine auffallende Erscheinung. Die jungen Hüllblätter sind zunächst nach oben gerichtet, dann horizontal und senken sich während der Blüte immer weiter nach unten. Ist die Blüte vorbei, fallen die Blätter ab und nur der „Igelkopf“ verbleibt.

INDIANER

Echinacea purpurea stammt ursprünglich aus den Wäldern und Prärien Nordamerikas. Die Indianer wussten, dass Ihr Immunsystem durch Kauen der Wurzeln gestärkt wurde. Die Pflanze wurde auch zum Reinigen von Wunden und zur Bekämpfung von Infektionen nach einem Schlangen-, Hunde- oder Insektenbiss verwendet.

Die ganze Pflanze ist heilkräftig. Die größte Heilkraft sitzt jedoch in der Wurzel. Zur Stärkung der Immunabwehr wird empfohlen, die Pflanze bei Beginn einer Grippe oder Erkältung einzunehmen. Echinacea regt das Immunsystem an und Pilze, Bakterien und Viren haben weniger Chancen. Die Tinktur prickelt auf der Zunge, ein Hinweis auf das stachelige Äußere der Pflanze. Bei Autoimmunerkrankungen ist es sinnvoll, vor der Einnahme erst mit dem Hausarzt Rücksprache zu nehmen.

Die frischen oder getrockneten Blütenblätter sind für Tee und Salat geeignet

Eine Kompresse aus Echinacea desinfiziert und lindert den Schmerz

BLÜTE:
April – August

ROSMARIN

Kalte Hände und Füße werden im Rosmarinbad herrlich warm

1. ROSMARINUS → bedeutet eigentlich „Meeresrose“. *Ros* ist nämlich Latein für „Rose“ und *marinus* für „Meer“.

OFFICINALIS → mit dem Zusatz *„officinalis“* wurde im Mittelalter angezeigt, dass das Kraut im *Officina*, dem Laborraum der Apotheke, vorhanden sein musste.

2. Wie Lavendel ist auch Rosmarin ein holziger Strauch. Diese Sträucher vertragen Sonne und Hitze gut.

STANDORT

Die „Rose des Meeres“ aus dem Mittelmeerraum fühlt sich in Küstengebieten mit sanften Meeresbrisen am wohlsten. Sie wird viel in Gärten, Kräuter- und Küchenbeeten angepflanzt.

Die schmalen Blätter sind nadelförmig und die zarten, hellblauen Blüten blühen in den Blattachsen. Direkt nach der Blüte enthalten die Blättchen das meiste ätherische Öl. Dann ist die beste Erntezeit.

MUNTERMACHER

3. Der viereckige Stängel zeigt, dass es sich um eine kräftige Pflanze handelt. Die Öldrüsen auf dem Blatt sind gut erkennbar. Sie verbreiten einen süßen, frischen Duft, der erfrischt und stärkt. Es ist also nicht ratsam, sich kurz vor dem Schlafengehen die Haare mit Rosmarinshampoo zu waschen. Das Kraut aktiviert zu sehr. Aber bei Müdigkeit kann eine Duftlampe mit Rosmarinöl den benötigten Kick liefern.

In Krankenhäusern wurde die Pflanze verbrannt, um die Luft zu desinfizieren und zur Zeit der Pestepidemien trug man Säckchen mit Rosmarin als Schutz vor der Infektion um den Hals. Die stimulierende Wirkung hat auch einen wärmenden Effekt auf den Blutkreislauf.

Die Pflanze ist winterhart und kann den Frost somit überleben. Trotzdem ist der Strauch frostempfindlich. In unseren Breiten sollte man ihn im Winter lieber an der Unterseite mit etwas Stroh oder Laub bedecken.

Die Ernte ist gleichzeitig der erforderliche Schnitt für diesen verholzenden Strauch

Rosmarin ist ein herrliches Küchengewürz, vor allem in Gerichten, die lange ziehen

BLÜTE:
Mai – Juli

ECHTER SALBEI

Früher sagte man: „Hat man Salbei im Garten, braucht man keinen Arzt"

1. SALVIA → *salie* oder *salvia* stammt vom lateinischen Wort *salvare*, das heilen, retten oder befreien bedeutet.

OFFICINALIS → mit dem Zusatz *officinalis* wurde im Mittelalter angezeigt, dass ein Kraut im *Offizin*, dem Laborraum der Apotheke, vorhanden sein musste.

Es gibt gut siebenhundert Salbeisorten, von denen etwa fünfzig heilkräftig sind. Salvia officinalis, auch Echter Salbei, wird vor allem als Küchenkraut gezüchtet.

STANDORT

In voller Sonne. Vor allem im Mittelmeerraum oder in Gärten, Kräuter- und Küchenbeeten

2. Während der Blüte stehen die purpurfarbenen Blüten im Kranz um den viereckigen, behaarten Stängel. Sie enthalten viel Nektar.

3. Die flauschigen, graugrünen Blätter enthalten viel ätherisches Öl, wodurch Salbei eine desinfizierende, entzündungshemmende Wirkung hat. Griechen und Römer verwendeten Salbei als Allheilmittel (Panacee) gegen eine Vielzahl Beschwerden. Da die blasenartige Struktur und Form des Salbeiblatts einer Zunge ähnelt, kann man sich leicht merken, dass Salbei vor allem im Mund- und Halsbereich heilend wirkt. Zähne und Zahnfleisch erhalten natürliche Unterstützung, wenn man sie mit frischem Salbeiblatt einreibt.

RITUALPFLANZE

Salbei ist ein echter „Aufräumer", nicht nur bei Eindringlingen wie Krankheitskeimen. Die Pflanze wurde auch für Rituale eingesetzt. Mit dem Rauch reinigte man Räume, Tiere oder Menschen. Diese Art der Reinigung wurde „räuchern" genannt. Die Indianer wandten diese Methode zur Vertreibung böser Geister an.

Salbeitee mit Honig und Zitrone hilft bei Grippe und Erkältung. Bei Halsentzündung oder Aphten im Mund kann mit starkem Salbeitee gegurgelt werden

BLÜTE:
Juni – September

JOHANNISKRAUT

Bauern mögen das Johanniskraut nicht, da die Stängel verholzen und das Mähen erschweren

1. HYPERICUM → leitet sich von den griechischen Wörtern *Hyper* und *eikon* ab. *Hyper* bedeutet „über“ und *eikon* „Bild“. Eigentlich heißt es also: „was man mit diesem Kraut anfangen kann, geht über die Vorstellung hinaus“.

PERFORATUM → heißt „durchbohrt“.

2. Die Blütenblätter tragen Öldrüsen. Werden sie zwischen den Fingern zerknipst, setzen sie einen roten Saft frei. Die Germanen, Völker aus dem Beginn unserer Zeitzählung, nannten diese Flüssigkeit den Saft von Balder, dem germanischen Sonnengott.

STANDORT

Auf trockenen Sandböden, an Straßen, auf Äckern und in Gärten, Waldlichtungen und auf Brachen

3. Hält man ein Blättchen gegen das Licht, erkennt man kleine Pünktchen. Dabei handelt es sich um transparente, lichtdurchlässige Öldrüsen.

MAGISCHE SONNENKRAFT

Am 21. Juni haben die starken magischen Kräfte der Sonne ihren Höhepunkt erreicht. Man tanzte und feierte um Freudenfeuer und wer an diesem Tag heiratete, sollte eine lange, glückliche Ehe führen. Der Johannistag, der 24. Juni, wird drei Tage nach der Sonnenwende gefeiert. Dann steht die Pflanze in voller Blüte.

SONNENSCHEIN IM DUNKELN

„Hexenkraut“ oder „Teufelsflucht“ sind bekannte Volksnamen. Das Kraut soll den Teufel, das Dunkel und Geister vertreiben. Deshalb hängte man die Pflanze über die Tür, um das Böse abzuwehren. Schon seit dem Mittelalter wird sie als Antidepressivum eingesetzt und hilft, wenn jemand kein „Licht“ mehr sieht.

BLÜTE:
Mai – Oktober

SPITZWEGERICH

Es gibt zwei Wegerichsorten, den Spitz- und den Breitwegerich. Beide sind sehr mineralstoffreich

1. PLANTAGO → ist lateinisch für „Fußsohle“. Wegerich verbreitet sich, in dem die Samen an Sohlen und Rädern haften.

LANCEOLATA → bedeutet „lanzenförmig“.

2. Die Blüte des Spitzwegerichs ähnelt Ohrstöpseln. Spitzwegerich enthält antibakterielle Stoffe und kann gegen Ohrenschmerzen und Ohrenentzündung angewandt werden. Die Pflanze fühlt sich schön weich an und enthält viel Schleimstoffe, die bei Husten und Erkältung lindernde und befreiende Wirkung haben. Plantago lanceolata wird deshalb auch in Hustensäften verarbeitet.

STANDORT

Auf Wiesen und vor allem an Straßen- und Wegrändern

3. Die schmalen spitzen Blätter ähneln Lanzen. Bemerkenswert, weil Spitzwegerich bei stechenden Schmerzen angewendet werden kann.

STICHWUNDER

Vom Insekt gestochen, von der Brennnessel gepikst oder eine Wunde erlitten? Spitzwegerich kann hier helfen: Das frische Blatt zerdrücken, sodass der Saft freigesetzt wird. Über die brennende oder stechende Stelle reiben oder als Pflaster verwenden.

WEGERICHKOMPRESSE

Ein heilender Umschlag oder Verband aus den frischen Blättern ist schnell gemacht: Die Blätter zerdrücken und mit lauwarmem Wasser (am besten vorgekocht oder Quellwasser) zu einem Brei verarbeiten. Den Brei auf eine sterile Binde streichen und die Kompresse auf die schmerzende Stelle legen. Einwirken lassen und Behandlung eventuell nochmals mit frischen Blättern wiederholen.

Wegerich enthält Vitamin B und C. Auch bei Nagetieren ist er sehr beliebt

Wegerichsirup ist für Kinder geeignet

Auch Pferden kann Wegerichbrei bei Atemwegsbeschwerden oder Verdauungsstörungen helfen

Die ährigen Blütenstände ähneln Ohrstöpseln

BLÜTE:
April – September

BEINWELL

Die Pflanze lässt ihr Köpfchen betrübt nach unten hängen.

Beinwell ist in Natur-shampoo, Lotion, Salbe und Cremes enthalten

1. SYMPHYTUM → kommt vom griechischen Wort *sumphuein* und bedeutet „zusammenwachsen“, ein Hinweis auf die heilende Wirkung bei Knochenbrüchen.

OFFICINALE → mit dem Zusatz *officinalis* wurde im Mittelalter angezeigt, dass ein Kraut im *Offizin*, dem Laborraum der Apotheke, vorhanden sein musste.

2. Die Pflanze ist an den meist purpurfarbenen, manchmal aber auch rosa oder weißen Blüten zu erkennen. Sie hängen in Dolden zusammen und sind glockenförmig.

STANDORT

Auf Wiesen, an Gewässerufern, Deichen, auf feuchten Weiden, am Straßen- und Waldrand

3. Das große Blatt ist dick und rau behaart. Es fühlt sich ein bisschen wie Schmirgelpapier an und kann bis zu 20 cm lang werden.

KNOCHEN- UND BEULENKRAUT

Die wund- und bruchheilende Wirkung des Beinwells ist seit Jahrhunderten bekannt. Gräbt man den Beinwell aus und bricht ein Stück von der Wurzel ab (das geht ganz leicht), sieht man, dass diese im Querschnitt einem Knochen ähnelt. Als noch nicht „gegipst“ wurde, stellte man aus Beinwell Kompressen her, um die Heilung von Brüchen zu beschleunigen. Die Wurzel enthält den größten Anteil heilkräftiger Stoffe.

PYRROLIZI ... BITTE WAS?

Früher wurde die Pflanze ähnlich wie Spinat zubereitet. Jetzt wird vom Verzehr abgeraten, da Beinwell einen möglicherweise schädlichen Inhaltsstoff enthält. Es handelt sich um „Pyrrolizidinealkaloide“.

BLÜTE:
Mai – Oktober

SCHÖLLKRAUT

Die Pflanze gehört zur Familie des Klatschmohns (S. 52)

Aus dem gelben Saft kann Farbstoff zum Färben von Stoffen hergestellt werden

1. CHELIDONIUM → es heißt, dass *Chelidonium* vom griechischen Wort *Khelidon* abgeleitet ist, das Schwalbe bedeutet. Die Pflanze beginnt nämlich zu blühen, sobald die Schwalben nach Europa zurückkehren. Die Blüte ist vorbei, wenn die Vögel wieder in den Süden ziehen. Das Kraut wird auch als Schwalben- oder Augenkraut bezeichnet.

MAJUS → bedeutet „groß".

2. Die goldgelben Blüten bestehen aus vier Blättchen mit auffälligen Staubfäden. Die behaarten Knospen ähneln denen des Klatschmohns.

STANDORT

In Parks, an Hecken oder Mauern. Schöllkraut blüht gern an schattigen Fleckchen.

3. Das grüne Blatt ist behaart und ganzjährig vorhanden … Schöllkraut ist winterhart. In den langen, schmalen Samenkapseln sitzen die schwarzen Samen.

AMEISENBROT

Die Samen des Schöllkrauts werden durch fleißige Ameisen mitgenommen. So kann sich diese Pflanze verbreiten. Verlieren die Ameisen die Samen, wächst die Pflanze wieder fröhlich weiter.

WARZENKRAUT

Alle Teile der Pflanze enthalten gelben Milchsaft, auch die Wurzel. Das können Sie durch Abbrechen eines kleinen Stücks der Pflanze überprüfen. Tritt gelber Saft aus, handelt es sich um Schöllkraut. Die Wurzeln haben knollenförmige Blasen, die Warzen ähneln. Warzen sollen durch regelmäßiges Betupfen mit dem gelben Saft verschwinden. Nicht mehr als zwei oder drei Warzen gleichzeitig behandeln und nicht bei Dellwarzen anwenden. Die umliegende Haut gut schützen und auf Geschwürbildung achten.

BLÜTE:
Juni – September

NACHTKERZE

Trivialnamen der Nachtkerze sind Nachtblume, Gelbe Rapunzel und Stolzer Heinrich

Die Nachtkerze gehört zur Familie der Weidenröschen (S. 40)

1. OENOTHERA → „Eselsfänger". *Onos* steht für „Esel" und *thera* bedeutet „Jagd", „Beute" oder „in sich aufnehmen". Esel sollen verrückt nach Nachtkerzen sein, sodass man sie damit fangen und zähmen kann. Oder könnte der Name vom griechischen Wort *Oinos* abgeleitet sein, also „Wein"? Durch Verzehr der Wurzeln soll Wein besser vom Körper verarbeitet werden können und das Katerrisiko geringer werden.

BIENNIS → bedeutet im Lateinischen „zweijährig". Die Pflanze benötigt meist zwei Jahre, bevor sie ausgewachsen ist und Blüten bildet. Im ersten Jahr wächst nur die Blattrosette.

STANDORT

Die Pflanze kann überall wachsen, am liebsten jedoch in der Sonne, auf sandigem Boden und unbebauten Brachflächen.

2. Die großen gelben Blüten öffnen sich erst in der Abenddämmerung. Sie blühen nur kurz und können vor allem bei Hitze bereits am nächsten Tag wieder verwelkt sein. Manchmal blüht eine Blüte zwei Nächte lang.

3. Die Samen aus der Kapselfrucht werden zu heilkräftigem, goldgelbem Nachtkerzenöl gepresst, das beruhigt, bei Schlaflosigkeit hilft und das Immunsystem stärkt. Die nordamerikanischen Indianer verarbeiteten die Samen der *Oenothera biennis* oder Gemeinen Nachtkerze bereits im 17. Jahrhundert zu heilkräftigen Mitteln. Erst in den Achtzigerjahren wurde ihre Heilkraft entdeckt. Seitdem wird sie wegen ihrer wertvollen Samen angebaut.

BLÜTE:
Mai – Oktober

THYMIAN

Früher wurde Echter Thymian als „Antibiotikum der Armen" bezeichnet

1. THYMUS → *thumus* ist griechisch für „Lebensatem“ oder „Mut“.

Der Name *thymus* stimmt in etwa mit unserer Bezeichnung für die Thymusdrüse überein. Diese Drüse spielt ab etwa dem 15. Lebensjahr eine wichtige Rolle für unser Immunsystem, nämlich bei der Bekämpfung von Infektionen ... wie auch der Thymian!

2. Die Pflanze enthält viel ätherisches Öl, Thymol. Sobald der Thymian blüht, steigt die Menge ätherisches Öl (und somit auch Duft und Aroma) an. Juni und Juli sind gute Erntezeitpunkte!

STANDORT *Vor allem im Mittelmeerraum und als Küchengewürz in Garten, Kräuter- und Küchengarten*

2. Die kleinen, ledrigen Blätter fühlen sich an der Unterseite filzig an. Sie enthalten kleine Öldrüsen, die gut zu erkennen sind, wenn man das Blatt gegen das Licht hält. Das von ihnen freigesetzte Öl wirkt desinfizierend auf die Atemwege und ist ein gesundes Gewürz für Suppen, Marinaden und Eintöpfe.

BLÜTE:
Juni – September

KÖNIGSKERZE

Getrocknete Königskerzenblätter wurden von Bäckern zum Anfeuern des Ofens verwendet

Die Schwarze Königskerze verdankt ihren Namen der Tatsache, dass der Stängel beim Trocknen schwarz wird

1. VERBASCUM → ist abgeleitet vom Wort *barbascum* und *barba* ist lateinisch für „Bart“.

2. Die Blütenköpfchen haben behaarte Staubfäden und blühen in willkürlicher Reihenfolge dicht am Stängel. Auf der griechischen Insel Thapsus wird die Königskerze *(Verbascum thapsus)* angebaut, um aus den Blüten natürlichen Farbstoff zu gewinnen.

3. Das zart-wollige Blatt der Großblütigen Königskerze *(Verbascum densiflorum)* wurde früher in die Schuhe gelegt, um die Füße warm zu

STANDORT

Königskerzen stehen gern windgeschützt, an Böschungen, Einfahrten, auf Brachen und an Straßenrändern (Schwarze Königskerze), angepflanzt in Gärten und im Mittelmeerraum

halten. Die Blätter wachsen wie ein Bündel Eselsohren in einer Blattrosette. Viele Königskerzen sind zweijährig. Sie benötigen zwei Jahre, um zur Blüte zu kommen. Im ersten Jahr wird die Rosette gebildet und erst im Jahr danach der Stängel.

4. Königskerzen sind heilkräftige Pflanzen. Mit ihren langen, kräftigen Blütenstängeln, die manchmal bis zu zwei Meter hoch werden können, wirken sie fürstlich und stattlich.

ERHELLENDE EIGENSCHAFTEN

BLÜTE:
Oktober – Dezember

ZAUBERNUSS

Amerikanische Indianer verwendeten die Zweige als Wünschelruten, um nach Wasser und Gold zu suchen

1. HAMAMELIS → *Hama* bedeutet „Samen“ oder „gleichzeitig“ und *melon* „Frucht“. Die Blüten erscheinen, sobald die Früchte aus dem Vorjahr reifen.

VIRGINIANA → die Zaubernuss stammt ursprünglich aus Virginia, einem der Staaten der USA.

2. Die Zaubernuss ist ein Strauch. Bei einem Strauch wachsen mehrere Stämme aus dem Boden. Einmal in Blüte besticht der Strauch, der ebenso hoch wie breit ist, durch seine auffallend gelbe Farbe. Kommt

STANDORT

Die Zaubernuss wächst gern auf feuchtem, nährstoffreichem Boden, zum Beispiel an Waldrändern. In Europa vor allem angepflanzt in Parks und Gärten

man näher, nimmt man einen zarten, süßen Duft wahr und sieht, dass alle Blüten ein dunkelbraunes Zentrum haben. Die Blüten erscheinen im Spätherbst. Sind die Blätter gefallen, sitzen nur noch die Blüten an den biegsamen Zweigen. Eine solche Pflanze wird als „Nacktblüher“ bezeichnet.

AFTERSHAVE

Der Inhaltsstoff Hamamelitannin, vor allem in Blatt und Rinde enthalten, hat heilende, adstringierende Wirkung. Früher wurden von den Indianern schon Extrakte und Salben daraus gewonnen, um die Heilung geröteter Augen, schmerzender Muskeln und Diarrhoe zu fördern. Im Westen verwendeten Männer Hamamelisextrakt wegen der lindernden, heilenden Wirkung bei der Rasur.

PFLEGENDES SCHÖNHEITSMITTEL

3. Noch immer wird Hamamelis häufig in verschiedenen Pflegeprodukten und Cremes verwendet. Hamameliswasser kann bei Akne, leichten Verbrennungen, Rosenäderchen, Augenringen oder Insektenstichen helfen. Der Strauch pflegt auch sich selbst:

Bei hartem Frost schützt sich die Pflanze, indem sie die Blütenblätter einrollt. Sobald das Wetter wieder etwas milder wird, rollen sich die Blätter einfach wieder aus!

Die Blüten kann man erst nur riechen, gut sichtbar sind sie dann, wenn das Laub gefallen ist.

Im Märchen verwenden Hexen und Zauberer Zweige der Zaubernuss als Zauberstäbe

BLÜTE:
Mai – August

BALDRIAN

Nach der Blüte im August erscheinen die fedrigen Samen, die vom Wind verbreitet werden

In Asien wird der typische Duft des Baldrians Parfüm und kosmetischen Salben hinzugefügt

1. VALERIANA → *valere* ist lateinisch für „gesund sein“ oder „sich wohl befinden“.

OFFICINALIS → mit dem Zusatz *officinalis* wurde im Mittelalter angezeigt, dass ein Kraut im *Offizin*, dem Laborraum der Apotheke, vorhanden sein musste.

2. Viele weiße oder hellrosa Blüten stehen in Gruppen zusammen (den Blütenschirmen). Beim Trocknen dieser Blüten wird der Duft intensiver und abgeschnitten oder gepflückt beginnen sie, zu stinken.

STANDORT *Baldrian wächst an Gewässerläufen und Hängen, z. B. an Deichen.*

3. Die frischgrünen, gefurchten Stängel können bis zu zwei Meter lang werden.

DENKEN, DENKEN, DENKEN

In jeder Drogerie und im Reformhaus ist Baldrian in Form von Kapseln oder Tinktur erhältlich. Bei Schlafproblemen, Beschwerden durch Grübeln, (Prüfungs-) Angst, Stress und Unruhe kann Baldrian Ruhe schenken.

BLÜTE:
Mai – August

FENCHEL

1. FOENICULUM → *faenum* ist lateinisch für „getrocknetes Gras“ oder „Heu“. *Foeniculum* bedeutet „kleines Heu“.

VULGARE → heißt „allgemein vorkommend“, aber nur in wärmeren Gegenden.

2. Fenchel hat einen langen, runden, geriffelten Stängel. Er ist kräftig, während die Blätter zart, fedrig und dünn sind. Er hat einen typischen Geruch.

Fenchelpulver ist ein natürliches Mittel gegen Flöhe, da diese eine Abneigung gegen den intensiven Geruch hegen

STANDORT

In Europa wächst Fenchel im Mittelmeerraum, weil er Wärme liebt und frostempfindlich ist. In unseren Breiten wird er in Gärten angebaut

3. Am Stängelende wachsen die zur Sonne gerichteten Blütenschirme. Jeder Blütenschirm besteht wieder aus kleineren Schirmen mit gelben Blüten. Das nennt man „Doppelschirm“.

BAUCHKRÄMPFE UND BLÄHUNGEN

Wer kennt das nicht! Es fängt schon an, wenn man noch klein ist, denn Babys können extrem von Darmkrämpfen und Blähungen gequält werden. Eine Tasse Fencheltee kann dann helfen. Bei einem Säugling zum Beispiel über das Stillen. Die Mutter trinkt eine Tasse Fencheltee und das Kind profitiert sofort davon. Der Tee wirkt entkrampfend und hilft der Verdauung, wieder in Gang zu kommen. Ein weiterer Vorteil: Fenchel fördert nicht nur die Verdauung, sondern auch die Milchbildung.

UNTERIRDISCHE KNOLLE

Fenchel riecht nach Lakritze und schmeckt nach Anis. Durch Erhitzen wird der Anisgeschmack etwas milder. Die Fenchelknolle wächst unterirdisch. Sie kann roh gegessen oder gedünstet, gekocht und im Eintopf verzehrt werden. Fenchellaub ist lecker im Salat und die Samen können geröstet oder in Pulverform als Gewürz für Speisen verwendet werden.

Fenchel wurde schon von den Römern gegessen und als heilkräftig betrachtet

Die Pflanze beruhigt Magen und Darm

Sie hilft bei Husten, Halsschmerzen und festsitzendem Schleim

Die Samen können einfach in der Kaffeemühle gemahlen werden

Fenchelsamen wurden Pferden verabreicht, um die Milchleistung zu steigern, aber auch bei Atemwegsproblemen

BLÜTE:
Juni – Juli

SCHWARZER HOLUNDER

Hirsche äsen im späten Winter und im zeitigen Frühjahr vom Stamm des Holunders

Wenn Sie eine Holunderbeere öffnen, ist das Innere rot

1. SAMBUCUS → soll vom griechischen *sambyke* abgeleitet sein, eine dreieckige Harfe, die aus dem weichen Holunderholz hergestellt wurde.

NIGRA → verweist auf die schwarzen Früchte des Holunders.

2. Dieser Holunder, der Schwarze Holunder, ist ein Baum mit süß duftenden, cremeweißen Blüten.Die aufrecht stehenden Blütendolden sind bequem zu pflücken, weil sie sich leicht lösen. Aus ihnen kann man Tee und Limonade herstellen oder einen Pfannkuchen damit garnieren.

STANDORT

Holunder findet man in Parks, zwischen Sträuchern, in Waldlichtungen, am Waldrand, an Dünen und Äckern, auf Bauernhöfen und in Nachbarschaft zu Misthaufen

3. Im August sind die schwarzen Beeren reif und hängen in Dolden an roten Ästchen. Die frische, rohe Beere ist giftig und ungenießbar, gekocht jedoch wird sie zu Holunderbeerensaft und -marmelade verarbeitet.

MÄRCHENKRAUT

Im Märchen „Mutter Holunder" schreibt Hans Christian Andersen über die mit Holunderblüten gefüllte Tasse Tee:

„Es war einmal ein kleiner Junge, der erkältet war. Er war draußen gewesen und hatte nasse Füße bekommen. Niemand konnte begreifen, wie das möglich war, denn das Wetter war trocken. Seine Mutter zog ihn aus, brachte ihn zu Bett und ließ Teewasser bereiten, um eine Tasse Holundertee zu kochen, denn der wärmt ..."

HUT AB!

Der Baum wurde auch als „Apotheke" bezeichnet. Holunder bot Schutz vor Krankheiten und man glaubte, dass er Insekten und böse Geister fernhielt. Deshalb wurde er auch oft auf Bauernhöfen gepflanzt, am liebsten in der Nähe des Küchenfensters. Im 20. Jahrhundert lüftete man den Hut aus Respekt vor diesem besonderen Baum.

HOLUNDERBLÜTENPFANNKUCHEN

Zutaten für ca. 5 Stück:

- 1 Dolde Holunderblüten
- 125 g Buchweizenmehl
- 1 Ei
- 250 ml Milch
- (Kokos-)Öl für die Pfanne

Die kleinen Blüten vorsichtig von den sorgfältig ausgewählten Schirmchen trennen. Ei, Milch und Mehl zu einem glatten Teig verrühren. Die Blüten hinzufügen. 1 EL Öl in einer Pfanne erhitzen und ausreichend Teig hineingeben. Den Pfannkuchen von beiden Seiten hellbraun werden lassen und eventuell noch mit einigen Blüten garnieren.

BLÜTE:
Mai – September

FRAUENMANTEL

In den zarten, runden Blättern des Frauenmantels sammelt sich der Tau

1. ALCHEMILLA → die Alchimisten oder Magier glaubten an die geheimen Kräfte dieser Pflanze. Aus den Tautropfen auf dem Blatt wurde ein „Lebenselixier" hergestellt, ein Trank mit magischen, heilenden Eigenschaften. Auf der Suche nach dem „Stein der Weisen" trachtete der Alchimist, flüssiges Metall in Gold und Krankheit in Gesundheit zu wandeln. Und man glaubte, dass man, einmal im Besitz des „Steins der Weisen", unsterblich sei. Einer der Volksnamen lautet so auch „Alchimistenkraut".

VULGARIS → bedeutet „allgemein vorkommend". Wilder Frauenmantel ist jedoch sehr selten.

STANDORT

Auf Alpenwiesen, Waldlichtungen und angepflanzt in Gärten.

2. Die gelbgrünen Blüten wachsen in Dolden über dem Blatt.

3. Das Blatt ist hellgrün, weich behaart und handförmig. Es ist am Rand gezähnt. Es gibt mehrere Sorten Frauenmantel und jede unterscheidet sich ein bisschen von der anderen. Die Pflanze ist an den Tautropfen im Schoß der flaumweichen Blätter zu erkennen. In Gärten leistet das Kraut gute Dienste als zierlicher Bodendecker.

Die Völker hatten früher eigene Göttinnen und Götter. Der Name Frauenmantel stammt von der nordischen Göttin Freya, der Göttin der Fruchtbarkeit. Die Wassertröpfchen werden als Tränen der Freya gedeutet und das Blatt soll die Form ihres Mantels haben.

NATURSTRAUSS

Haben Sie Frauenmantel im Garten? Dann machen Sie einen schönen Sommerstrauß daraus! Frauenmantel wird oft für Bouquets verwendet, weil es eine kräftige Pflanze ist. Den Stängel vorsichtig unten abschneiden oder pflücken und in lauwarmes Wasser stellen.

Die Pflanze hat lindernde, heilende Wirkung auf die Haut

Frauenmantel wird auch „Löwenfuß" genannt

Frauenmantel wird als Heilpflanze vor allem bei Frauenleiden wie Gebärmutterproblemen angewendet

BLÜTE:
Juli – November

WASSERMINZE

Das Riechen an Minze beruhigt sofort und macht „cool“!

1. MENTHA → aus dem Griechischen übersetzt bedeutet *Minthos* „stark riechend“. Die Wasserminze ist eine der zahlreichen Minzesorten. Alle enthalten den Inhaltsstoff Menthol und das riecht man.

AQUATICA → bedeutet „wasserbewohnend“.

2. Wasserminze ist ganzjährig vorhanden. Im Sommer fällt sie jedoch durch die kugelförmigen, lila Federbüschel auf, die an Ufern nach oben ragen. Die Blüte riecht stark nach Minze!

STANDORT

Die Pflanze wächst an Ufern, Gräben und reichlich in Sumpfgebieten. Toll ist es, auf einem Ausflug nach Wasserminze zu suchen. Diese Pflanze erkennt man schnell!

ERGEBNIS PRÜFEN

3. Das Blatt ist oval mit gekerbtem Rand. Um zu prüfen, ob es sich wirklich um eine Minzesorte handelt, kann man an der Pflanze riechen. Insbesondere am Blatt erkennt man es sofort, weil die Öldrüsen an der Unterseite sitzen.

FREUNDLICHES GEWÜRZ

In der Geschichte wurde Minze vor allem von Griechen, Ägyptern und Römern für viele Zwecke und die unterschiedlichsten Gerichte verwendet. Die Pflanze wurde als Zutat für Getränke und Speisen, als Heilmittel und aus Traditionsgründen genutzt. So verwendeten die Römer Minze zur Förderung der Verdauung und die Araber empfingen ihre Gäste mit einer Tasse Minztee, um ihrer Freundschaft Ausdruck zu verleihen.

WÜRZMITTEL

In den Niederlanden lautet ein alter Volksname für die Wasserminze Aalkraut. Früher füllte man den Aal mit Wasserminze als Gewürz.

Einige Minzesorten wie die Polei-Minze stehen auf der Roten Liste bedrohter Pflanzen. Wenn sie einen Zweig mitnehmen möchten, achten Sie gut darauf, dass es auch Wasserminze ist. An den Blütenspitzen kann man versuchen, die Sorten zu unterscheiden, das ist jedoch schwierig.

BLÜTE:
Juli – September

OREGANO

Die Pflanze ist vor allem als Küchengewürz bekannt

Um ihre Freundschaft zu pflegen, überreichten sich Römer ein Sträußchen Oregano

1. ORIGANUM → *oros* ist griechisch für „Berg“ und *ganos* bedeutet „Freude“. „Freude aus den Bergen“ also.

VULGARE → VULGARIS → bedeutet „allgemein vorkommend“.

2. Während der Blüte stehen Kugeln aus rosaroten Blüten beieinander. Legen Sie einmal eine Blüte des Oregano neben eine des Gundermanns, einer Minzesorte oder die des Lavendels. Sie sehen sich alle ähnlich.

STANDORT

Die Pflanze liebt die Sonne und kalkhaltigen Boden: in Berggegenden, im Mittelmeerraum und in Dünengebieten. Außerdem in Garten, Küchengarten und Küche

Oregano gehört wie Lavendel oder Minze zu den Lipplenblütlern, benannt nach den Blütenblättern, die zu einer Ober- und Unterlippe verwachsen sind. Blüte und Blatt von Lippenblütlern duften immer intensiv.

3. Das kleine, ovale Blatt ist flauschig-weich. Es hat entkrampfende, wärmende Wirkung. Im Mittelalter braute man Tee daraus.

ROTE LISTE

In den Niederlanden ist Oregano noch in den Dünen zu finden, ansonsten jedoch vom Aussterben bedroht. Es steht hier im Gegensatz zu Deutschland auf der Roten Liste bedrohter Pflanzen. Glücklicherweise kann man das aromatische Kraut in Samenform bestellen. Es ist auch als Zuchtvariante erhältlich, als Majoran, die Sorten unterscheiden sich wenig voneinander.

EIGENANBAU

Sie können Oregano selbst anbauen. Im Topf für die Küche oder im Garten. Nehmen Sie einen Tontopf und mischen Sie etwas Bio-Erde mit Sand. Den Topf mit der Mischung füllen und die Samen obenauf streuen. Halten Sie etwas Abstand dazwischen und bedecken Sie die Samen mit einer dünnen Schicht Sand. Sofort ein bisschen wässern und an einen sonnigen, geschützten Platz mit zeitweise Schatten stellen. Danach ab und zu etwas gießen, aber nicht zu viel, das schadet den Wurzeln. Die beste Aussaatzeit ist im Frühling, März oder April.

Aus dem Naturschutzgesetz:

Es ist verboten, „Pflanzen ohne vernünftigen Grund von ihrem Standort zu entnehmen oder zu nutzen oder ihre Bestände niederzuschlagen oder auf sonstige Weise zu verwüsten“ sowie ihre „Lebensstätten ohne vernünftigen Grund zu beeinträchtigen oder zu zerstören“.

Oregano enthält Vitamin C, Kalzium und trägt zur guten Zusammensetzung des Blutes bei.

BLÜTE:
April – Mai

SILBER-WEIDE

Ein frisch abgeschnittener Zweig wächst, sobald er in die Erde gesteckt wird, wieder zu einem neuen Baum

1. SALIX → *Sal* stammt vom keltischen Wort für *sal*, das „nah“ bedeutet und *lis* ist keltisch für „Wasser“.

Es gibt um die dreihundert Sorten Weidenbäume, davon sicher zehn in unseren Breiten. Die Silber-Weide ist eine bekannte Sorte, die, einmal gekürzt, als Kopfweide bezeichnet wird.

1. ALBA → bedeutet „weiß“.

2. Das lanzenförmige Blatt der Weide ist an der Unterseite weiß bis silbrig. Die jungen Zweige sind weich und leicht zu biegen.

STANDORT

An Ufern, Wegen, auf feuchtem Wiesen- und Rietgelände

3. Kopfweiden sind bei vielen Insekten, Vögeln und sogar Fledermäusen sehr beliebt. Die grobe Rinde und der oft hohle Stamm bieten ideale Verstecke.

GRENZE VON WASSER UND LAND

Deshalb steht der Baum oft am Ufer. Und das hat seinen Grund, da ein ausgewachsenes Exemplar gut 1200 Liter Wasser pro Tag trinkt. Viehweiden werden trockener gehalten, wenn Weidenbäume an den Grenzen gepflanzt werden. Manchmal knabbern Pferde von der Weide aus an den Weidenzweigen. Tiere wissen natürlich, was gut für sie ist. Die Weide enthält heilkräftige Stoffe.

SCHMERZSTILLENDER BAUM

Die Weide enthält „Salicin“. Dieser Inhaltsstoff ist der Vorläufer des „Aspi“ in Aspirin. Im Mittelalter wurde bei Erkältung und Schmerzen empfohlen, auf Blatt und Rinde der Weide zu kauen. Salicin wirkt schmerzlindernd, entzündungshemmend und blutverdünnend. Im 19. Jahrhundert wurde der Stoff durch die Wissenschaft (wieder) entdeckt. Für medizinische Zwecke wird meist die Silber-Weide verwendet. Weide enthält wie Aspirn Salicylsäure. Von der Gabe an Kinder unter 12 Jahren mit Grippe wird abgeraten.

Weide kommt vom Wort „welig“, das biegsam bedeutet

Kauen auf einem dünnen Zweig hilft bei Kopfschmerzen

Die frischen Zweige können zum Kranz geflochten oder zum Traumfänger gebogen werden

Die jungen Zweige werden seit Jahrhunderten für das Flechten von Körben und Zäunen verwendet

BLÜTE:
März – November

WEISSE TAUBNESSEL

Die Blüte ähnelt einem geöffneten Maul

Heuschnupfenallergiker können durch den Inhaltsstoff Histamin Beschwerden bekommen

1. LAMIUM → *lamos* ist griechisch für „Maul" oder „Schlund". Buchstäblich übersetzt heißt die Pflanze „weißes Maul". Die griechische Mythologie liefert eine andere Erklärung für den Namen. Göttervater *Zeus* erlebte das x-te Abenteuer mit *Lamia*. Die „Chefin" *Hera* war so wütend wegen der vielen Eskapaden des Gatten, dass sie *Lamia* in eine Weiße Taubnessel verwandelte.

ALBUM → bedeutet „weiß".

2. Die zarten, samtweichen Blüten stehen im Kranz um den Stängel.

STANDORT

In Nachbarschaft zu Brennnesseln. An Straßen, Wäldern, an Deichen, auf Ackerboden, Brachgeländen und an Gräben

Erst als Knospen und später als geöffnete Mäulchen. Sie enthalten viel Nektar und haben ein süßes Aroma. Zum Probieren einfach saugen.

ADAM UND EVA

Die Staubfäden, zwei kürzere und zwei lange, erinnern an die Füße eines sich liebenden Paares. Deshalb heißt die Pflanze auch „Adam und Eva“. Ebenso gut könnten es aber auch die Füße von Lamia und Zeus sein.
Andere Volksnamen der Weißen Taubnessel:
Bienensaug, Kuckucksnessel, weiße Nessel, Ackernessel, Honignessel, zahme Nessel.

3. Vielleicht finden Sie, dass Ähnlichkeit mit der Brennnessel besteht. Die Taubnessel hat jedoch keine Brennhaare. Die Blätter sind zarter und haben eine rundere Form. Sind Sie von einer Brennnessel „gepikst“ worden? Dann wächst mit Sicherheit eine Taubnessel in der Nähe. Eine Blüte oder ein Blatt zerquetschen und die brennende Stelle damit einreiben. So wird das stechende Gefühl betäubt.

Es gibt auch gelbe oder violette Taubnesseln, die Weiße Taubnessel enthält jedoch die meiste Heilkraft. Die Pflanze kann nach Anweisung von Spezialisten auch bei Erkrankungen des Rachens, der Atemwege und der Stimmbänder angewendet werden. Sie enthält Schleimstoffe, Gerbsäure und ätherisches Öl, die gemeinsam für den Abtransport überflüssigen Schleims und von Bakterien sorgen.

Blüten, Blatt und Stängel sind essbar. Die Blüten schmecken wie süßes Popcorn

Lamium album wird als echtes Frauenkraut bezeichnet. Frauen in den Wechseljahren oder mit Gebärmutterproblemen soll die Pflanze helfen, da sie entzündungshemmend, entkrampfend und reinigend wirkt. Schwangere sollten jedoch lieber darauf verzichten.

Gemeine Schafgarbe

Gemeine Schafgarbe regt die Durchblutung
bis ins kleinste Gefäß an

FÜR NOTIZEN

FORSCHEN IN DER NATUR GEHT ZU JEDER JAHRESZEIT, GERADE DAS MACHT ES INTERESSANT!

FRÜHLING

DER FRÜHLING kann mit dem Morgen verglichen werden. Nach und nach beginnen die Temperaturen zu steigen. Die Natur keimt auf und kommt mit frischem Mut zum Vorschein. Die Pflanzen mögen das und enthalten viel Energie. Es ist die fruchtbare Zeit der Erneuerung. Gleichzeitig kann die Frühjahrsmüdigkeit auftreten. Zeit für das große Reinemachen. Eigentlich so, wie auch der Frühjahrsputz im Haus. Staub wird weggeputzt und die Fenster weit geöffnet. Die Natur ruft und neue Energie wird von außen nach innen geholt. Man kann den Frühling fühlen! Bewusst oder unbewusst möchten auch wir ins Freie, um Sauerstoff zu tanken.

FRÜHLINGSPFLANZEN – Schon zeitig im Frühjahr bieten sich frische Frühlingskräuter mit ergänzenden Vitaminen und Mineralien an. Sie können helfen, Abfallstoffe aus unserem Körper zu transportieren und liefern neue Energie. Auf der Kräutertour können Sie die jungen Blätter des Löwenzahns als Zutat für den Salat pflücken. Noch schöner wird Ihr Frühlingssalat, wenn sie ein paar Gänseblümchen darüber streuen!

SOMMER

DER SOMMER gleicht dem Mittag. Er steckt voller Energie. Bienen und Schmetterlinge sind mit den bunten Blüten beschäftigt, von denen sie durch Duft und Farbe angelockt werden. Der frühe Sonnenaufgang und der späte Untergang sorgen für lange, helle Tage. Wir werden mit Wärme versorgt und bersten vor Energie.

SOMMERPRODUKTE – An den langen, trockenen Sommertagen ist es herrlich, stundenlang im Freien zu sein.

Echte Frühlingspflanzen und Bäume sind Birke, Brennnessel, Eiche, Hirtentäschel, Linde, Gänseblümchen, Pusteblume, Ruprechtskraut, Schöllkraut, Spitzwegerich, Baldrian und Weide

Auf Suche nach Zutaten für die schönsten Sommerprodukte. Nach der Blüte im Frühling gibt es Früchte im Überfluss, um sie nach leckeren Rezepten zu Fruchtsaft, Marmelade und Kuchen zu verarbeiten. Wir können beim Picknick in der Natur die schönsten Naturzeichnungen machen oder Lavendelblüten für herrliche Duftbündel oder Sommerseife ernten. Die Seife ist übrigen ganz leicht:

Mit getrockneten Blüten kann Sommerseife auch im Winter hergestellt werden

Sommerseife

- Blüten und Blütenblätter von Lavendel, Ringelblume oder Gänseblümchen suchen
- ein Stückchen Naturseife raspeln oder Seifenflocken verwenden
- Mineralwasser (oder Blütenwasser)

Kräuterseife kann ganz einfach hergestellt werden: Seife raspeln und mit Wasser und Kräutern mischen. Passen Sie das Mischverhältnis nach Gefühl an und kneten Sie, bis eine feste, aber noch formbare Seifenmasse entsteht. Den „Seifenteig“ mit Plätzchenformen ausstechen oder zu „Vollmondkugeln“ formen. Seife an einen Ort legen, an dem sie gut trocknen kann. Im Kühl- oder Gefrierschrank wird der Prozess beschleunigt.

HERBST

BASTELN UND SAMMELN IM HERBST Die Jahreszeit für Ernte und zum Ziehen der Bilanz. Samen und Früchte sind für eine neue Runde verteilt. Die Arbeit ist getan. Jetzt ist es Zeit, das Tempo zu ändern und es ruhiger anzugehen. Wie am Abend, wenn wir uns auf die Nachtruhe vorbereiten. Bäume lassen ihre Wurzeln weniger hart arbeiten, wodurch die Blätter weniger Nahrung erhalten und loslassen. Ein Baum macht das, weil die Blätter Feuchtigkeit verdunsten.

Aus dem gefrorenen Boden kann keine Feuchtigkeit gezogen werden, deshalb setzt er sie frei. Die Blätter wären nur hinderlich beim Erhalt von Energie und Feuchtigkeit. In diesem Zeitraum sind Wald und Strand schöne Plätze, um sich den Wind um die Nase wehen zu lassen.

Beim Spaziergang ist es schön, darüber nachzudenken, worin die Ernte des vergangenen Jahres besteht. Welche Samenkörner beginnen zu keimen und welche haben Sie losgelassen? Schauen Sie sich um und sammeln Sie kleine Naturgegenstände. An einem regnerischen Tag kann damit gebastelt oder eine Runde Memory gespielt werden. Bestimmen Sie den Schwierigkeitsgrad selbst: Suchen Sie zwei Eicheln, zwei Kastanien oder zwei Muscheln oder denken Sie sich schwierigere Spielvarianten aus.

Naturmemory

- sammeln Sie Muscheln, Kastanien, Blätter, Federn, Rindenstücke
- leere Streichholzschachteln oder abgeklebte/bemalte Töpfchen
- Gegenstände in den Behältern verstecken und der Reihe nach Dinge suchen, die zueinander gehören.

WINTER

IM WINTER versteckt sich die Natur unter dem Boden, um zu ruhen und Energie für das Frühjahr aufzutanken, wenn sie mit neuer Kraft zum Vorschein kommt. Vergleichbar mit der Nacht. Was gibt es im Winter noch zu sehen? Echte Winterblüher wie Hasel, die roten, stachligen Zweige der Brombeere, Blattrosetten (Schafgarbe, Schöllkraut), das immergrüne Efeu, beschneite Blüten der Ringelblume, verschiedene Rindensorten (Birke!), Kiefern ...

Nach dem Winterspaziergang ist eine wärmende Tasse Tee oder Wintermischung herrlich!

Schöllkraut (Chelidonium majus) ist das ganze Jahr vorhanden

TEEKRÄUTER

Kräutertee oder eigentlich Kräuteraufguss wird aus den frischen oder getrockneten Pflanzenteilen gekocht. Das können Blüte, Frucht, Blätter oder die Wurzel sein. Die Kräuter können frisch oder getrocknet verwendet werden. Der Vorteil bei getrockneten Kräutern ist, dass alle Sorten bequem erhältlich sind. Dann richtig aufbewahren, bis sie benötigt werden. Auf der Kräutertour kann man die Brennnesseltriebe für einen frischen Brennnesseltee ernten. „Mit" den Haaren pflücken. Am besten Handschuhe benutzen. Auch frischer Tee aus Kletten-Labkraut ist einen Versuch wert. Die junge Pflanze, also ohne Samenkapseln, ernten. Beide sehen in einem großen Glas schön aus und werden wie Minzetee serviert. Schauen Sie auch einmal, welche Kräuter in Tee- oder Gewürzmischungen enthalten sind. Finden Sie diese Pflanzen auf Ihrem Spaziergang? Im Buch und auf den Postern sind die lateinischen Namen aufgeführt. Es ist praktisch, sie zu kennen. Im Reformhaus oder in der Apotheke werden Sie diese wiederfinden.

KRÄUTERTEE KOCHEN

MINERALWASSER • Verwenden Sie möglichst Mineralwasser. Es ist reiner als Leitungswasser und hat einen weicheren Geschmack.

ABKÜHLEN LASSEN • Mit zu heißem Wasser können die Blättchen verbrennen und schwarz werden. Deshalb etwas abkühlen lassen und den Kocher ausstecken. In der Zwischenzeit eventuell Teekanne oder -glas zum Vorwärmen mit heißem Wasser ausspülen.

MENGE • Machen Sie den Tee nicht zu stark. Ein bis zwei Teelöffel getrocknete Kräuter pro Tasse reichen aus. Für einen halben Liter genügt ein voller Esslöffel. Die Menge bei frischen Kräutern verdoppeln oder ein paar Stängel hinzugeben. Getrocknete Kräuter vorher quellen lassen. Frische Kräuter erst zerkleinern und dann in lauwarmem Wasser ziehen lassen. Für die Süße oder lindernde, zusätzliche Wirkung eventuell etwas Honig hinzufügen.

10-15 MINUTEN • Die Kräuter mit dem Wasser übergießen und Kanne oder Glas abdecken. Den Tee 10 bis 15 Minuten ziehen lassen. Kräutertee kann kalt oder warm getrunken werden.

DOSIS • Es ist immer gut, Kräuter abwechselnd oder als Mischung zu verwenden. Möchten Sie eine bestimmte Pflanze medizinisch oder häufiger anwenden, achten Sie auf die richtige Dosierung: nicht öfter als dreimal täglich ein bis zwei Tassen. Informieren Sie sich vorher über die Wirkung und die Anwendung der Pflanze.

KRÄUTERMIX

Eine Kräutermischung besteht aus drei bis fünf verschiedenen Sorten getrockneter Kräuter, die sorgsam zusammengestellt werden müssen. Bestimmte Kräuter in einer Mischung können das Aroma gegenseitig intensivieren oder abschwächen. Ein solcher Mix wird häufig für einen bestimmten Zweck zubereitet. Es gibt Kräutermischungen, die den Schlaf fördern und andere zur Stärkung der Widerstandskraft. Für die erste Mischung werden beruhigende Kräuter ausgewählt. Die zweite besteht aus Kräutern, die das Immunsystem stärken. Außerdem werden natürlich noch schmackhafte Kräuter als Aroma hinzugefügt. Welche Kräuter ergänzen sich und welche Blüten oder Blätter schenken der Mischung die angenehme Ausstrahlung?

Auch aus den Blättern der Brombeere wird Tee bereitet. Brombeere erhöht die Widerstandskraft

INHALTSSTOFFE IM ÜBERBLICK

Gemüse, Obst, Bäume, Kräuter - alle enthalten bestimmte Inhaltsstoffe. Diese Stoffe können heilkräftig oder giftig wirken. Ungiftige Stoffe, die langfristig oder in großen Mengen angewendet werden, können schädlich sein. Andererseits können Fachleute auch aus gefährlichen, giftigen Kräuter heilsame Arzneimittel entwickeln.

Manchmal können Sie Inhaltsstoffe erkennen: Bitterstoffe sind bitter und können leicht in Wurzel und Blatt des Löwenzahns herausgeschmeckt werden. Schleimstoffe sind schmelzig und schleimig. Beim Kochen oder Quellen von Leinsamen werden viele Schleimstoffe freigesetzt. Die braune Schicht, die auf einer Teetasse bleibt, sind gegebenenfalls die Gerbstoffe. Saponine schäumen beim Kontakt mit Wasser. Seife wird aus Saponinen hergestellt. Ätherische Öle nehmen wir vor allem über den Duft wahr. Die flüchtigen Öle werden in der Parfümindustrie verarbeitet. Über den Geruch wirken sie auf die Sinne (Psyche).

ARZNEIMITTEL

Nicht nur Naturheilkundler, auch die pharmazeutische Industrie verwendet Inhaltsstoffe aus der Natur. Pflanzliche Stoffe können jedoch auch nachgeahmt werden. Für einige Medikamente werden Inhaltsstoffe einer bestimmten Pflanze voneinander getrennt. Werden Inhaltsstoffe von natürlichen Arzneimitteln und Präparaten gemeinsam mit diesen Medikamenten und Präparaten angewendet, könnte das zu viel des Guten sein, es kommt zu negativen Wechselwirkungen. Deshalb ist es bei der Anwendung von Medikamenten immer wichtig, gut auf die Inhaltsstoffe zu achten.

SCHWANGERSCHAFT

Inhaltsstoffe können Einfluss auf die Schwangerschaft haben und Stauungen im Unterbauch verursachen oder in ernsten Fällen zur Fehlgeburt führen. Vorsicht gilt auch für stillende Mütter.

FÜR NOTIZEN

Lieschen lehrte Lottchen laufen, entlang der langen Lindenallee, als Lottchen nicht mehr entlang der langen Lindenallee laufen wollte, ließ Lieschen Lottchen entlang der langen Lindenallee stehen

„Zungenbrecher"

Rosskastanien enthalten Saponine.

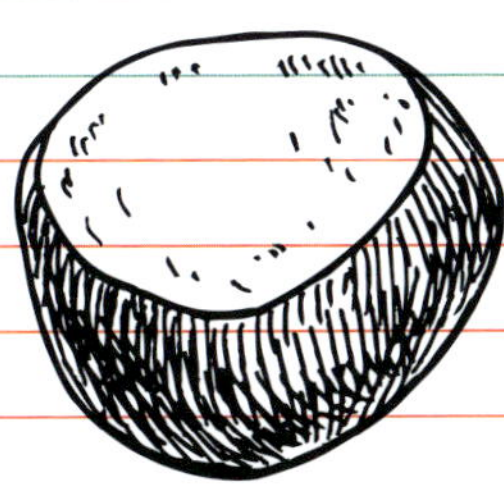

DIE AUTORIN

Marjolein Holtkamp (Amsterdam, 1971) war nach Familienleben und Arbeit als Creative Designer auf der Suche nach dem inneren Gleichgewicht: „Der Schalter musste umgedreht werden".

Es folgte eine Suche über Yoga, gesunde Ernährung hin zur Fachausbildung in Kräuterheilkunde. Nach dem Diplom beschloss sie, die Weisheit aus der Natur mit der Liebe zu ihrem ursprünglichen Beruf zu kombinieren. Ihr Ziel: Die Weitergabe jahrhundertealten Wissens über heilkräftige Pflanzen und Bäume in unserer Umgebung. Für jeden leicht umsetzbar.

Marjolein ist jetzt Designerin mit einer Mission: Sie möchte zeigen, dass die Natur schön, heilkräftig und für jeden zugänglich ist.